留守儿童心理励志丛书

留守岁月 阳光成长

著名儿童心理学专家 李红 高雪梅 总主编

留守儿童 行为习惯养成手册

◎主　编　高雪梅

◎副主编　冀慧慧　胡显清

◎编　委　夏兰南　张久林　陈兰芳　鄢葵凤

西南师范大学出版社

国家一级出版社　全国百佳图书出版单位

留守岁月 阳光成长

留守儿童心理励志丛书

编 委 会

总主编 李 红 高雪梅

副主编 廖桂芳 张仲明 刘 立

编 委（以姓氏笔画为序）

王 琦 王海燕 邓 杉 刘 君 余晓燕 张绍明
李益娟 李 维 杨桂花 汪孟允 周 源 苗小翠
金春寒 胡显清 赵海钧 唐远琼 唐春林 曹贵康
黄亚凝 黄丽君 彭艳蛟 蒋 柳 谭玉玲 冀慧慧

给孩子们的信

亲爱的孩子：

叶圣陶先生曾说："凡是好的态度和好的方法，都要使它化为习惯。只有熟练得成了习惯，好的态度才能随时随地表现，好的方法才能随时随地运用。就像出于本能，一辈子都能受用不尽。"好的行为习惯是一种巨大的力量，会使我们终身受益。它可以主宰我们的人生。可是谁能告诉我们怎样才能养成好的行为习惯，做一个具有优秀品质的好孩子呢？

花季年龄的我们本应该是父母的掌上明珠，每天在父母的怀里撒娇，享受着无忧无虑的生活。可是我们却因为父母的外出，无法享受到父母的悉心引导和帮助，使得成长中的我们缺少了父母的贴心关注和呵护。当我们做错事的时候，没有人告诉我们要如何改正；当我们迷茫的时候，没有人告诉我们下一步该如何去走；当我们失落的时候，没有人告诉我们这一个难关要如何挺过；当我们孤单的时候，没有人告诉我们要如何才能找回生活的阳光。

但是，在留守的这段旅程中，我们同样可以告诉自己、告诉父母："爸爸妈妈，即使你们不在身边，我也能做一个优秀的孩子！"如何优秀？优秀的孩子有哪些良好的行为表现？在这里，我们将向你呈现一些成长道路上必备的良好的行为习惯。

当你静下心，仔细读完这本书后，或许你会发现，生活并没有你想象中那么孤独，也没有你想象的那么艰苦，好的行为习惯养成也没有那么难，只要我们肯用心去体会，用心去接纳，用心去实践，用心去坚持，用心去完善。我们也可以做一个具有优秀道德品质的好孩子！即使没有爸妈的庇佑，留守的我们同样也可以活出多彩的人生！

编者

目 录

第一篇　留守岁月学会照顾自己

“别人与我比父母，我与别人比明天。”亲爱的孩子，我们没有办法选择我们的出身，但是我们可以选择明天的生活。我们要感谢上天给了我们一个来到世间的机会，出身贫穷与苦难中，是上天给我们的考验，是“天将降大任于斯人也”之前的“饿其体肤、空乏其身”的磨难。我们要感恩，是留守的日子让我们早早地认识到了生活的艰辛和苦涩，是留守的日子练就了我们在艰苦环境中生活的能力和积极奋斗的美好品质。当父母不在身边，面对挫折时我们选择微笑，做生活的强者，不做懦弱和退缩的人，只要我们有自信、有信念，我们就是生活最大的赢家。

相信我是最棒的

自信，可以让柔弱的小草冲破土地的封锁，展现勃勃的生机；自信，可以让滴滴轻盈的水珠，穿透坚硬厚大的巨石，展现顽强的力量；自信，可以让崖间的苍松傲视风雪，展现坚韧的生命。亲爱的孩子，无论是面对贫穷、孤独还是脆弱，都坚信自己是最棒的，你将发现人生总会充满奇迹。

成长烦恼

十五岁那年，父母远走他乡，外出打工；十五岁那年，她考上了市里最好的一所中学；十五岁那年，同龄的女孩子花枝招展，她却自惭形秽，自认卑微。

她来自偏远的农村，虽然个子很高，却是个瘦骨嶙峋的女孩儿。由于自卑，她经常佝偻着身子，拼命地隐藏自我，生怕个子高挑而被别人从人群中一眼捕捉。那样的一种自卑，是恨不得卑微到尘埃里，连一朵迎风微笑的花，都要从根部把它折断，扔到无人的角落里，顾影自怜。她想，只要没人发现便是最大的安全。而这种自卑心理，因同桌男生一句无心的问话，越发严重。

上学第一天，邻桌男生第一句话就问她："你从哪里来？"而这个问题正是她最忌讳的，因为在她的逻辑里，出生于农村，就意味着小家子气，没见过世面，肯定会被这些大城市的同学瞧不起。就因为这个男同学的问话，使她一个学期都不敢和同班的男生说话，以致一个学期结束的时候，很多同班的男同学都不认识她。

她其实不仅长得好，而且身材很好，高高瘦瘦，要是不驼背的话走在人群中也是个窈窕淑女。可她从不敢穿裙子，不敢上体育课。期末的时候，她差点儿体育就不及格，因为她不敢参加体育长跑测试！老师说："只要你跑了，不管多慢，都算你及格。"可她就是不跑。她想跟老师解释，她不是在抗拒，而是因为恐惧，害怕自己跑起来就像一只滑稽的鸵鸟，在免费表演一场逗乐的

节目。可是她连和老师解释的勇气都没有，任凭误解越深，自卑越甚。

亲爱的孩子，你是否也曾经如此自卑过，总是找不到自信的理由，认为自己总是不如别人，毫无价值呢？

读心课堂

亲爱的孩子，任何事情本身并不会影响我们，真正影响我们的是我们自己对事物的态度，态度决定一切。要知道，无论我们是一个什么样的人，在我们内心都有一个沉睡的巨人，那就是我们的自信。

● 为什么跳蚤跳不出杯子？

心理学家曾做了一个实验：将一只跳蚤放入杯中。开始，跳蚤一下子就能从杯中跳出来。然后，心理学家在杯子上盖了透明盖，跳蚤仍然会往上跳，但是碰了几次盖后，碰疼了，慢慢就不跳那么高了。这时心理学家再将盖拿走，却发现那只跳蚤已经永远不能跳出杯子了。

这是为什么呢？是杯子变高了吗？不是，杯子还是原来的那个杯子，只是因为跳蚤失败几次之后，自信心受到了打击，随后就失去了信心，以为自己再也跳不出杯子了。于是开始甘于现状，不再尝试任何努力。

那么在生活中，在我们的心中是否也有这样的一个盖子呢？生活中，许多人失败一次后，便怀疑自己的能力，一再降低成功的标准，成功便渐渐离他们远去。

● 你是否相信自信的巨大魔力？

在心理学上有一种心理学效应叫做亨利效应，它是指：当一个人真正相信自己可以做成一件事或克服一个困难时，那么结果总是会向自己所预期的那样发生。这种现象就是由于高度的自信而引发的积极心理。亨利效应也同时提醒我们在遇到困难或是困惑时，多一点自信，多一点积极的心态，或许一切都会改变。

自信是成功的必经之路，自信使我们不断成长。一位科学家这样说过："自信是成功的第一秘诀。"人人都可以成材，关键在于我们有没有信心，在生活中，不论我们干什么，首先必须对自己充满信心，有了信心便有了成功和收获的希望。

美国作家爱默生说："自信是成功的第一秘诀。"可见自信对一个人的重要性。那么怎样提高我们自信心呢？

● **积极的自我暗示**

每天早上醒来或晚上入睡前，都尝试用积极的语言暗示自己，相信会提高你的自信感。

你不妨这样暗示自己：

①我喜欢我自己，我有我独特的优点！

②我是一个有价值的人，也是一个有能力的人。

③我是一个有用的人，我可以给别人带来快乐。

④我能行，这点小事没法难倒我。

⑤老师、同学都喜欢我，我是被需要的。

● **保持整洁良好的形象**

一个人的外部形象会直接影响他人对自己的评价和印象，同时一个人的外表也是自身自信程度的首要表现。这些你可以做到吗？

①保持整洁、得体的仪表。

②养成主动与别人说话的习惯。

③每天面带微笑，抬头挺胸，将走路的速度加快25%。

④敢于正视对方眼睛说话。

⑤锻炼、保持健美的体形和气质。

● **帮助那些需要帮助的人**

当我们帮助别人的时候，也会得到别人的认可和欣赏，体会到被人尊重的快乐，自信心也会得到提高哦。

不妨试想一下这样的情景：

①当我给别人指路，受到感谢与称赞的时候，我会觉得 ________。

②当我帮老人提东西，受到表扬的时候，我会觉得 ________。

心灵自助

只要相信自己，一切皆有可能，一首《我相信》送给你，相信你会从中找到生活的自信。

想飞上天和太阳肩并肩 /
世界等着我去改变 /
想做的梦从不怕别人看见 /
在这里我都能实现 /
大声欢笑让你我肩并肩 /
何处不能欢乐无限 /
抛开烦恼勇敢地大步向前 /
我就站在舞台中间 /
我相信我就是我 /
我相信明天 /
我相信青春没有地平线 /
在日落的海边 /
在热闹的大街 /
都是我心中最美的乐园 /

我相信自由自在 / 我相信希望 /
我相信伸手就能碰到天 /
有你在我身边 /
让生活更新鲜 /
每一刻都精彩万分 /
I do believe……

——《我相信》

魔法心语

自信是人生的双腿,失去它,便等于失去前进的动力。

别低估自己的价值

松——自尊，不失其青翠；竹——自尊，不失其节操；荷——自尊，才会出污泥而不染；梅——自尊，才会孤芳凌霜众人赏。自尊是一个人的脊梁，一种无畏的气概，是一个人必备的操守。亲爱的孩子，自尊给我们的生命提供的不只是一种依托、一种凭借、一种支撑；它还是生命永远的充实、永远的能量、永远的精神动力。

成长烦恼

自从转学来到县城的新学校，刘春花觉得所有的地方都不对劲了。

首先是名字。在以前的学校里，不管是老师还是同学喊她，她总是很快乐地答应着，并未觉得有什么不妥。春花，春日鲜花，娇嫩可爱，甚是迷人。可是转学以后她最怕别人叫她的名字，因为班里有个调皮的男生，总是会趁她不备"嗖"地出现在她跟前，然后怪怪地咧嘴笑道："春花，上酸菜。"她从来没有觉得自己的名字这样土过，每当这时候，春花的脸总会涨得通红，然后埋下头，不知道怎么应对。

其次是说话。在以前的学校里，大家都说方言味十足的普通话，谁也不会笑话谁。可是转学以后，新同学都说着纯正标准的普通话，夹在一群糯米一样的柔软声音里，她那方言味的普通话显得如此格格不入。老师一叫她朗读课文，大家就会在底下抿嘴偷笑，虽是无心，却声声戳心。

接着是住校。班里很多同学都是县城的，他们可以天天回家，天天见父母，吃着妈妈的拿手菜，穿着爸爸新买的衣服。而春花呢，以前还有奶奶陪伴，现在住校了，一周才能和奶奶见一次面。而远在异乡的父母，只能时常在梦里相见。

还有很多很多她没听过的人和事：周董的新歌、郭敬明的新书……

春花的自尊心受到了前所未有的打击，以前她可是学校有名的好学生，虽然父母长期在外，但是春花为人勤勉，成绩优异，同学和老师都很喜欢她。如今她觉得自己一无是处，开始拼命地收敛自己，尽量不与人交往，尽量不去人多的地方，像一只谨小慎微的刺猬，蜷缩成一团，不敢刺向别人，只能扎进自己的心中。

读心课堂

亲爱的孩子，你是否也有春花一样的苦恼和烦闷，是否也觉得自己渺小如沙，不知道自己生命的价值几何。那么昂起头来，你将感受到温暖的阳光下自尊给你带来的奇迹。

● 自尊会带给我们什么？

心理学研究发现：当面对失败，低自尊的人容易接受别人的负面评价，变得泄气，自信心下降，从而失去前进的动力；而高自尊的人由于对自己有足够的自信心，即使遇到困难或是他人的不良评价，也不会低估自己的价值，他们能够在很短的时间内重新调整自己的心态，以积极的状态再次迎接挑战。自尊是一种力量，一种催人向上的力量，拥有自尊的人会尊重自己，爱护自己，也更容易获得成功。

● 自尊是我们人人都需要的吗？

当我们的缺点被别人包容的时候，当我们的价值得到自己和别人肯定的时候，我们都会感到非常快乐。而当我们被别人鄙弃或是孤立又或是谩骂侮辱的时候，我们会十分的伤感和气愤。由此可见，自尊是每个人所必需的一种状态。在生活中，我们人人都可能有不如别人的地方，只要我们不气馁，不灰心，不放弃，自己相信自己，自己看得起自己，自己尊重自己，我们就可以通过自己进一步的努力，找到自己的人生价值，赢得别人的尊重，感受自尊的快乐。

那么怎样才能提高我们的自尊水平呢？

心法秘籍

世界上的许多成功者，都是从自尊开始，所幸的是自尊的心理品质不是天生的，而是可以通过后天培养的，我们可以从下面几个方面来培养我们的自尊。

● 给自己自尊的五个理由

提高自尊最好的方法就是找到尊重自己的理由。现在就闭上眼睛，好好地想想，自己身上有哪些优点，然后把它们一一列出。

你也许会列出这五个理由：

①我唱歌唱得很好听！

②我很会做家务！

③我是一个独立的孩子！

④我是一个很孝顺的孩子！

⑤我的学习成绩很棒！

还有什么理由呢？都记录下来吧！

____

____

这一刻，你是不是突然间觉得自己的内心有一些波动呢？

● 恰当的自我评价

将对自己行为的评价与对自己能力的评价区别开来，不管结果好坏或成败，都要给自己一个恰当的评价。

你会有下面这些不正确的评价吗？

①我又把事情搞砸了。

②我真笨。

③我就是一个失败者。

④我真的不如其他同学。

⑤我没有能力完成这件事。

我的不恰当的评价还有：________________________________

____

为什么不尝试一下这样评价自己：

①我会用不同的方法来处理这件事情。

②每个人都有自己的优点和缺点。

③这件事情失败了，并不代表我就是一个失败者。

④和其他同学比，我也有自己擅长的事情。

我还可以这样正确评价：________________________________

____

● 学会奖励自己

生活中有很多东西是我们做得很棒的，何不把这些事记录下来，然后给自己一点小奖励呢？出去放松一会或是给自己一些恰当的物质奖励也可以哦！

①老师今天称赞了我的作业。

②今天的卫生我做得最好。

③今天我主动在班上唱了一首歌。

心灵自助

1914年冬天，美国加州沃尔逊小镇来了一群逃难者。好心的人们给这些流亡者送去饭食，他们个个狼吞虎咽，连一句感谢的话都来不及说。

只有一个年轻人除外，当镇长杰克逊大叔把食物送到他面前时，这个骨瘦如柴、饥肠辘辘的逃难者问："您给了这么多东西给我，那你有什么活需要我干吗？"

杰克逊说："不，我没有什么活需要你来做。"

这个年轻人的目光立刻暗淡下来，说："那我不能没有劳动便白拿您的东西！"

杰克逊想了想说："我想起来了，我确实有一些活需要你帮忙。不过，要等你吃完饭。"

"不，先做完活，我再吃这些东西！"

杰克逊只好说道：“小伙子，你愿意为我捶背吗？”

于是，这个年轻人迅速弯下腰，十分认真地给杰克逊捶背。

后来，这个年轻人就留在杰克逊的庄园里干活。两年后，杰克逊又把女儿许配给他，并对女儿说：“别看他现在一无所有，我相信他将来一定是个富翁，因为他有自尊。”

果然，20 年后，这个年轻人真的成了亿万富翁，他就是美国赫赫有名的石油大王哈默。

哈默用自己的自尊赢得了别人的尊重，你的自尊也将为人生带来新的快乐与希望。

魔法心语

自尊是人生的灵魂，失去它，便等于失去生命。

守望留守的星空

留守的童年，充满困难和挫折，而自强是对困难的蔑视，对挫折的回应，对成功的向往和渴望。自强是脚踏实地，百折不挠，一步一个脚印地向着崇高的理想迈进。亲爱的孩子，无论是走在泥泞的小道上，还是爬行在狭窄的山道上，希望你永远有着积极向上，永不懈怠，依靠自己的努力奋发图强的精神。记住：永远做生活的强者。

成长烦恼

爸爸出门时给小亚楠编了一个美丽的谎言，说是等到晚上天空有星星出现时就回来抱他玩，给他买好吃的面包和他最喜欢的玩具。天真的小亚楠信以为真，竟破涕为笑，催着爸爸上路。

从此以后，小亚楠就这样傻傻地等呀等……

在家里和社会上亚楠是个好孩子。穷人家的孩子早当家，亚楠5岁就学会帮助奶奶干家务、做饭，6岁时被送到离家7里远的一所寄宿制留守儿童学校学习。家里的经济处境和学习上的独立，使小亚楠从小就学会了节约和自理，从不乱花一分钱。买东西时就买便宜而又实用的。每到周六，他就像个小大人一样帮助奶奶干活。生活的磨砺让小亚楠从小就学会了独立和坚强。

在学校亚楠是个好学生。他学习很刻苦，课堂上，他认真听讲，课下他细心做作业，为了省钱，他常常以手代笔默写生字、词语和句子。由于勤奋和努力，每次考试亚楠都是年级第一名，但他从不张扬，与同龄孩子相比，显得稳健而成熟。亚楠还是个热心孩子，给差生补习，帮同学做事……班上的同学很喜欢他。

一分耕耘，一分收获。在小亚楠自己的不懈努力下，他连续多年获得校“三好学生”以及“优秀学生干部”称号。由于他勤奋上进，学习成绩优秀，事迹突出，前不久，他被学校推荐参加“全国十大自强奋进留守儿童”评选活动并顺利入围，还出席了在北京召开的颁奖盛典。

从北京回来的夜晚，天空布满繁星，亚楠在心里默默守望，他又想起爸爸临走时的话，他不知道这时候爸爸已经站在了儿子的身后，和他一起欣赏着眼前的美景。

亲爱的孩子，你是否也和亚楠一样在守望着心底的期盼，是否也和亚楠一样自强自立，让童年闪烁耀眼的光芒？

读心课堂

亲爱的孩子，自强是对困难的蔑视，对挫折的回应，对成功的向往和渴望。有了它，我们的生活会变得更加精彩和充满力量。

● 自强的神秘力量是什么？

有人说过：坚持的今天叫自强，坚持的明天叫成功。成功和失败住在一个屋里。有两个同时敲门的人说：“我找成功。”失败说：“我是失败。”两人都很失望。其中一人一去不返，另一个人却坚持不懈，屡次敲门。最后，成功听得不耐烦，打开了门，他成功了。其实，每一位成功人士，都有着自强不息的性格，而这种性格，正是来源于坚持不懈。

有了自强精神，我们才有前进的动力，才会主动地解决问题，才能在挫折面前表现出恒心和韧劲。相反，现实生活中有许多人严重缺乏自强精神。他们追求享受、意志薄弱，一旦遇到困难便垂头丧气，甚至心灰意冷，一蹶不振。

● 靠天，靠地，靠别人，还是靠自己？

三个旅行者，一个带了一把伞，一个带了一支拐杖，一个什么都没带。然而大雨停后，带伞的旅行者淋得浑身是水，拿拐杖的旅行者跌得满身是伤，第三个旅行者却安然无恙。造成这种结局的原因，就是前二人过于依赖外物，而后者却懂得在面临困境时依靠自己的力量从容应对。其实，路是自己的，就要自己坚持走下去。过分依赖别人，依赖外物，只会使自己的判断力丧失。

要真正自强，靠天、靠地、靠别人都不如靠自己。

那么我们要怎样让自己变得自强呢？

心法秘籍

自强，是一个人快速成长的助力，会使我们在人生的道路上走得更轻松。那么，我们应该怎样培养我们的自强意识呢？

● 树立人生的航标

有了理想，就有了方向，有了进取的不竭动力。理想是自强的力量之源。人的活动如果没有理想的引导和鼓舞，就会变得空虚、软弱、混乱而渺小。要自强首先就要树立坚定的理想。为追求人生的理想执著奋斗，是所有自强者的共同特点。真正的强者确定了目标后，就会不屈不挠地坚持，矢志不移地奋斗，直到成功。

● 学会战胜自我

人最大的敌人往往不是别人，而是自己。能战胜自己的人，必定能自强。“胜人者有力，自胜者强。”一个意志薄弱，不能克制自己，放任自我的人，必定碌碌无为；一个战胜自我的人，才会进步，才能自强。从现在开始，尝试在一些小事上战胜自己：

①战胜自己的怯懦——锻炼在公共场合讲话；课上主动发言。

②战胜自己的懒惰——早起半个小时；今日事今日毕。

③战胜自己的依赖——自己的事自己尝试着去做。

● 扬长避短

要想自强和成功，就一定要认识自己的长处、天赋和兴趣，根据自己的爱好和兴趣确定自己努力的方向，发扬自己的长处，避开自己的短处，我们的主动性就会得到充分发挥。还要学会取长补短。善于获取他人的帮助，汲取他人的经验，以强化和完善自我，这正是一个自强者应当具备的素质。

● 三比口号

当我们成绩不理想或上课听不懂时，总是会沮丧苦恼，这时我们可以借鉴一下三比口号哦！

不比基础比进步；

不比聪明比刻苦；

不比阔气比志气。

心灵自助

给大家介绍一部励志向上的影片——《风雨哈佛路》。该片由一个女孩真实的人生经历改编而来，讲述一个女孩子克服种种不利条件、努力奋进的故事。看了它，会让你鼓起勇气，学会自强！

利兹生长在一个十分不幸的家庭，她从小在酗酒父母的争吵和打骂声中长大……8 岁利兹开始乞讨，15 岁母亲死于艾滋病、父亲进入收容所，17 岁她用 2 年的时光学完高中 4 年课程，获得 1996 年纽约时报一等奖学金，进入哈佛大学学习。

● 世界在转动，你只是一粒尘埃，没有你地球照样在转。现实是不会按照你的意志去改变的，因为别人的意志会比你的更强些。

● 我觉得自己很幸运，因为对我来说从来就没有任何安全感，于是我只能被迫向前走，我必须这样做。世上没有回头路，当我意识到这点我就想，那么好吧，我要尽我的所能努力奋斗，看看究竟会怎样。

● 我为什么要觉得可怜，这就是我的生活。我甚至要感谢它，它让我在任何情况下都必须往前走。我没有退路，我只能不停地努力向前走。我为什么不能做到？

魔法心语

自强是人生的早餐，失去它，便等于失去人生起跑的动力。

自己的事情自己做

一个人不可能永远生活在温室、摇篮里，他终将要离开这些依靠，去外面的世界，建造属于自己的温暖木屋。一个缺少独立的人，就像只拥有一个僵硬的躯壳，却没有一个完整的灵魂。所以，亲爱的孩子，我们需要学习独立。如果你还是一个享尽温暖，不曾经历过风雨的人，那么，请你试着离开这些温暖，去试着经历外面世界的风风雨雨吧，相信你拥有的会更多！

成长烦恼

孙明辉是一名非常优秀的学生，从小学到初中的9年里，成绩一直名列前茅。然而就是这样一个出类拔萃的孩子，却是个生活中的低能儿。

父母为了供他读书，都出去打工，留下他从小跟爷爷奶奶一起长大，爷爷奶奶为了能让他心无旁骛地学习，家中什么活儿都不让他干，做饭、洗碗、洗衣服等事，甚至连他的床铺也是爷爷奶奶替他收拾的。每次吃饭都是爷爷奶奶把饭端到他跟前，真可谓“饭来张口，衣来伸手”。

中考那年，孙明辉以全县第一名、全省第三名的优异成绩考入了全市最好的高中。爷爷奶奶自豪得老泪纵横，他们感到自己平日勤勤恳恳的付出总算看到了回报，他们因为这个争气的孙子终于可以在亲朋好友面前扬眉吐气。

可是任何事情都有两面性：因为高中离家里很远，他不得不离开家里寄宿读书，高中生活没多久，他由于缺乏基本的生活能力，什么都不会，很难独立生活。尽管同学们也给了他不少帮助，但还是解决不了根本问题。

由于新班级的同学都是各地来的优秀生，明辉压力大增，同时从前漏下的“生活课程”还要恶补，“腹背受敌”的明辉感觉前所未有的疲惫，但他必须调整心态，既不能落下课程，还得学会独立生活。

冰冻三尺，非一日之寒。如果逝去的九年里，明辉每天学一点生活自理

的常识，如今是不是可以飞得更高更远更轻松呢？

读心课堂

亲爱的孩子，独立是我们走向社会的第一步，也是我们做好自己的第一步，只有独立的个体才会有更好的发展。

● 是什么决定了你的成功？

心理学家曾对1500名超常儿童进行长期的追踪观察，30年后发现20%的人没有取得什么成就，与其中成就最大的20%的人对比，发现最显著的差异并不在智力方面，而在于个性品质不同，成就卓著者都是有坚强毅力、独立性和勇往直前等个性品质的人。

也就是说，一个人要想取得成功，仅有聪明的头脑是不够的，还必须具有独立性、自制力、坚韧性等良好的个性品质。只有具有了良好的个性品质才能更好地适应环境和抵抗挫折的打击，才会有更多的机会走向成功。

● 遇到意见分歧，你会怎么做？

无论是生活还是学习中，我们总会遇到这样那样的矛盾分歧，那么我们会怎么做呢？是趋之若鹜还是坚守自己？

心理学家做了一个实验，研究人们会在多大程度上受到他人的影响而违心地进行明显错误的判断。结果是有76%的人至少做了一次放弃自己正确的判断，而选择了跟从大多数人的错误判断。而在正常的情况下，人们判断错误的可能性还不到1%。

这个实验说明我们要学会独立思考，独立做出决定。独立做决定，并不意味着不听取别人的意见，一意孤行；也不是一味地盲目从众，而是要运用自己的理性判断，把他人的意见作为我们自主决定的参考。

那么生活中我们要如何培养自己的独立意识呢？

心法秘籍

陶行知先生曾说:“滴自己的汗,吃自己的饭,自己的事情自己干,靠人、靠天、靠祖上,不算是好汉。”那么怎么培养我们的独立意识呢?我们不妨从以下几个方面来思考和培养:

● 做生活的独立者

任何时候都要把命运抓在自己手里,不依赖别人,靠自己的劳动而生活。可我们是否做到了呢?我们可以通过以下几个方面来检验一下。

①自己起床睡觉,脱穿衣服鞋袜,铺床叠被。

②自己洗脸、刷牙、洗手、洗脚。

③自己收拾房间,物品摆放有条理。

④自己洗衣服,学会做饭。

⑤在家主动打扫卫生。

⑥课前能自觉预习,课后能认真复习。

⑦没有老师、家长的监督,也能独立完成作业。

● 年纪小,不是借口

不要说我们的年龄还小,也不要说我们还没长大,这些不应该是一个依赖他人的借口。越是年纪小、经事少,越应该自己动手干一干。很多事,自己亲自做过了,才会了解,才会学会长大。

● 给自己一块安全的“自留地”

在这里,我们该干什么、想干什么、怎么干、后果如何,都由我们自己做主。这是我们的天堂,我们可以自己选择怎么做,也可以自己承担所有结果,在这里,我们在享受自由的力量时又可以做我们可以做的事,何乐而不为呢?

心灵自助

生活，我们不要把它想得太可怕、太悲惨，如果自己都无法面对这样的事实那还有谁可以帮助你？别人说归说，但是你没有行动还不是一样的。希望《独立》能给你些许的启示。

谁会先知道，可能会有多少
去掉一半的自己，然后互相撞击
没想到更好，我有双份的我
欣赏你赞美我，挑战你解决我
交手中，看到真正的我
爱让我聪明的独立
用自己去爱人，搞定想要的东西
有一半已经成立，准备随时能独立
不贪心不委屈，勇闯每一个遭遇
都跟自己有关系
越刺激越好，当我和你一起
欣赏你赞美我，挑战你解决我
一换手又什么都不同
爱让我聪明的独立，用自己去爱人
搞定想要的东西，有一半已经成立
准备随时能独立，不贪心不委屈
勇闯每一个遭遇，都跟自己有关系
可能没有最好
至少强烈要求自己去要
可能就快做到
而下一步是跟自己比较
爱让我聪明的独立

用自己去爱人

搞定想要的东西

魔法心语

最值得依赖的朋友在镜子里，那就是你自己。

——犹太谚语

诚信是最好的美德

诚信是一面镜子，你对它面孔狰狞，它对你冷眼相看；你对它会心微笑，它对你笑意盈盈；你对它将信将疑，它对你戒备森严。诚信是一种投资，你投资越少收益就越少，你投资越多收益就越多。亲爱的孩子，你可知道，诚信的人诚信为人，收获的一定是真诚的朋友；诚信的人诚信做事，收获的一定是最终的成功！

成长烦恼

小誉是初一（6）班的班长，刚开始接任班长时，他为人真诚，处事稳重，深得老师和同学们的信任。可是最近一段时间，同学们对他都颇有微词。

老师找班里的同学了解小誉的情况，原来是最近小誉的行为举止让同学们感到很失望。在班长竞选时小誉承诺要尽心尽力为班级服务，起初他还是很用心地去管理班级日常事务，还主动帮助其他同学，可是日子久了，小誉就开始散漫了，平时上课也不再管理班级纪律了，甚至还不能约束自己，带头吵闹。平时和同学们相处时，答应别人的事也总是拖拖拉拉，拖到最后，直接就给忘记了。

最让人生气的是，他总是向同学借东西，今天借支笔，明天借笔记本，后天借尺子，借就借吧，刚开始同学们还很乐意借给他，可后来越来越不对劲，因为他从来都不按时归还，同学们找他要，小誉还不服气地说："就一支笔的事，干吗那么小气？你们说我这没做那没做，答应你们的事也没做，我就纳闷了，你们说出的话就都能做到吗？自己先把自己管好再说别人吧！"

听了小誉的这些话，班里的同学很是气愤，可又没有办法……

亲爱的同学们，如果你是小誉班上的同学，你该怎么办？面对他的不讲信用又该怎么办？生活中我们每个人都要坦诚相待，诚信做人，言行一致，更何况是具有模范作用的班长呢！

读心课堂

亲爱的孩子，一个人只有内心诚实，做事才能讲信用，才能赢得人们的信赖和尊敬。

● 为什么诚实守信才能赢得尊重？

亲爱的孩子，作为社会人的我们是不能孤立于社会而生存的，每个人要想在自己生活的小圈子里或社会大环境中，得到别人的理解和信任，那么就必须做到真诚。生活中，我们也总是喜欢和那些言行一致、真诚的人做朋友。就像我们敬爱的周恩来总理一样一生诚实待人，以诚感人，给所有与他有过交往的人都留下了终身难忘的印象。一位外国记者评价周恩来是这样一个人：他怎么想就怎么说，怎么说就怎么做。周总理之所以能有那么多的朋友和崇拜者，无论是同志、朋友，甚至是对手，都为他的人格所感动、所吸引、所折服，根本原因就是一个“诚”字。诚信是人们道德修养的一个重要内容，是立身做人的根本。一个人的诚信观是建立在一定世界观、人生观、价值观的基础上的，是由感情和思想综合起来的一种稳定的心理和精神状态，它从各个方面深刻地影响着一个人的人生道路。

● 你喜欢和哪种人做朋友？

心理学家安德森对个人品质喜恶进行了一项大规模的调查研究，结果发现：人们最喜欢与那些真诚、诚实、讲信用和忠诚的人交往，最讨厌与那些虚伪、喜欢说谎的人交朋友。

人与人之间交往，只有以诚相待，肝胆相照，相互信任，才能培植出永不衰退的友谊。诚信不仅是人际交往的必要条件之一，而且现实中，它也的确是人们有意无意地用于衡量一个人是否值得深交的首要准则。你诚恳守信，言出必行，一诺千金，你就是值得交往的。你大话连篇，言而无信，你就是不值得交往的。一个人若总是失信于人，他身边的人会不自觉地对他筑起心墙，并背信于他，他也只能在现有环境中无助地生活下去。

心法秘籍

亲爱的孩子，一滴水能够折射出太阳的七彩斑斓，举手投足可以显示出一个人道德素养的高低优劣。那么我们该怎样做一个诚实守信的人呢？

● 大处着眼，小处着手

好习惯的养成，需要我们大处着眼，小处着手，只要在诚信的道路上循序渐进，持之以恒，就会收获好的成果。

①生活中的诚信：言行一致，不说谎话。

②学习中的诚信：在学习上，虚心好学，不耻下问，不要不懂装懂。不抄袭作业、考试不作弊。

③做事的诚信：勇于承担错误。有了过错不应该逃避或推卸责任，而应该主动承认自己的错误并承担由此产生的后果。

● 一诺千金

一诺千金，那生活中的我们在践行承诺时要注意哪些呢？

①在答应别人的要求之前认真想一想，看看自己是否有能力、是否愿意满足对方的要求。如果认为自己的条件还不具备，就不要轻易答应对方。

②凡是自己已经答应做的事情，就要努力去做。即使你承诺的是一件很小的事情，也要认真去做，不能认为小事情忽略了没关系。

③借了别人的东西要按期归还，说话算话。

④如果已经答应了的事情确实难以完成，也不要找种种借口加以逃脱。应该向对方说明缘由，用诚挚的态度向对方表示歉意，在今后尽量避免类似的情况出现。

● 吾日三省吾身

曾子曾说过这样一句话：“吾日三省吾身，为人谋而不忠乎？与朋友交而不信乎？”意思是说我每天多次这样反省自己：为别人做事、策划有没有竭尽全力？和朋友之间的交往够不够诚实守信？而且，经常反省自己也是一个总结提高的过程，当我们发现自己有言行不一致的地方，或做错一件事情的时候，就要及时地进行反省，能勇于承认和敢于改正，本身就是一个进步。

乔治·华盛顿是美国第一任总统，他小时候是个又聪明又淘气的孩子。

一天，父亲送给他一把小斧头。那小斧头崭新崭新的，小巧锋利。小华盛顿很高兴。他想：父亲的大斧头能砍倒大树，我的小斧头能不能砍倒小树呢？我要试一试。他看到花园边上有棵樱桃树，微风吹得它一摆一摆的，好像在向他招手："来吧，乔治，在我身上试试你的小斧头吧！"

小华盛顿高兴地跑过去，举起小斧头向樱桃树砍去，一下，两下……樱桃树倒在地上了。他又用小斧头将小树的枝叶削去，把小树棍往两腿间一夹，一手举着小斧头，一手扶着小树棍，在花园里玩起了骑马打仗的游戏。

他的爸爸回家后，看见被砍断的小树，非常生气，因为这棵樱桃树是爸爸最喜欢的。

华盛顿看着爸爸很生气，心里虽然很害怕会被处罚，但还是鼓起勇气跟爸爸说："爸爸，樱桃树是我砍的！我只是想试试您送我的斧头是不是很锋利。"

父亲看到华盛顿有勇气承认自己的错误，不但没处罚他，反而大大称赞他："好孩子，你的诚实让我很欣慰，因为即使是一万棵樱桃树也比不上一个诚实的孩子啊！"

亲爱的孩子，诚信是人生的命脉，是一切价值的根基，让我们时刻提醒自己，像华盛顿一样永远做一个诚实守信的人！

对人以诚信，人不欺我；对事以诚信，事无不成。

做幸福的进取者

蛹因为进取，才会破茧而出，化成翩翩飞舞的蝴蝶；苗因为进取，才能在岩石缝中扎根，开出艳丽的花朵；鳢因为进取，才有飞越太平洋的毅力。万物都是因为进取，才创造了欣欣向荣的美好世界。亲爱的孩子，你可知道是进取之心使我们的生活充满了无尽的力量？当我们有了前进的方向和力量，才会有成功时的喜悦和幸福。

成长烦恼

张敏总觉得命运对她不公：母亲病逝，父亲外出打工，只有年老体衰的爷爷在力不从心地照顾着自己；头脑笨，成绩差，长得难看……每每想起，她总觉得一个女孩可能有的不幸，她都占齐了。

尤其是上初中后，内心阴霾一直未散，加上功课底子又薄，即便她废寝忘食地学习，一学期下来也收效甚微。初二的时候力不从心的张敏彻底想要放弃了，她告诉班主任谢老师初中毕业后她就去打工，她曾经有的梦想已经遥不可及。过了几天，谢老师拿了一本书送给张敏，书名是《假如给我三天光明》。

张敏一开始没有什么兴趣，看着看着不觉间有异样的感觉在心底升起，在学习的路上，为什么不能做一个幸福的进取者呢。她拿起笔，在日记本上写下了一段话：

我的心被海伦的精神深深地震撼了！曾经，我觉得自己连当个陪衬的绿叶都不够资格，有时埋怨命运的不公，却还是要自己坚强，改变现状。曾经，我恨自己无论怎么努力，都事倍功半，甚至毫无收效。可是我的内心从不愿让人瞧不起，海伦让我有了新的梦想。

原来很多人都在"扼住命运的咽喉"，都在"绝望中求希望"，都在"沙漠中找绿洲"，都没有放弃。是的，我自卑过，深深自卑过，可是海伦不是说："我们最可怕的敌人不是怀才不遇，而是我们的踌躇，犹豫。将自己定位为某一种人，于是，自己便成了那种人。”从现在起，我坚信自己会成为想要成为的那种人！

亲爱的孩子，你是否也像张敏一样有过这样的心路历程呢？很多时候，当梦想变得疲软，人便流于颓丧，可是就在你决定要放弃的刹那，可否能再咬咬牙坚持一下，让积极进取之心为我们插上翅膀勇敢地再飞一次呢？

亲爱的孩子，拥有进取之心是我们不断进步和不断挑战未来的关键，可是什么才是进取呢？这种进取心是不是多多益善呢？

● 什么是进取之心？

鲁迅曾说：“不满是向上的车轮。”社会之所以能够不断发展进步，一个重要推动力量，就是我们拥有的这只“向上的车轮”，即我们常说的进取之心。进取心就是指不满足于现状，坚持不懈地追求新的目标的蓬勃向上的心理状态。人类如果没有进取心，社会就会永远停留在一个水平上，人们只有不断地学习，不断地进步，才能不断地提升自己的能力。“取”是指获取，只是在获取之前，需要你先有所付出，天下没有免费的午餐，有付出才会有收获。

● 进取心是多多益善吗？

心理学家发现，拥有进取心的人有旺盛的求知欲和强烈的好奇心，不甘落后，制定较高的个人发展目标，勇于迎接挑战，要求自己成绩出色。这里的进取心我们可以理解为行动的动机。那么，进取心是否是多多益善呢？

心理学家耶克斯·多德森认为，中等程度水平的动机最有利于学习效果的提高，过高的动机反而不会带来最好的学习效果。同样，我们的进取心也并非是越强越好。如果对自己的能力缺乏正确的认识，做出过高估计，所树立的抱负与期望远远超过自己的实际水平，这样不但不能使自己专注于学习，还会造成过大的心理压力，导致失败；结果失败的体验又会挫伤自信心和

自我效能感，最终可能会使抱负和期望变得很低。因此，根据自己的实际，保持中等程度的进取心，你成功的可能性就会越大。

进取心，可以激发人抗争命运的力量，是取得成功和创造卓越的动力。那么，我们该如何培养自己的进取精神呢？心理博士来支招：

● 明确一个属于自己的目标

有目标才能做真实的自己，有目标才能前进，有目标才能清楚地认识自己，才能找到属于自己的舞台，才会让你更自信，更积极。那么你的人生理想和目标是什么呢？思考一下，在这里记录下来吧！

我的理想和目标是：

______

______

______

______

● 不做温水中的青蛙

“生于忧患，死于安乐。”人生旅途中，逆境催人警醒，激人奋进，而安逸优越的环境却消磨人的意志，使人耽于安乐，尽享舒适，常常一事无成。这就是我们常说的忧患意识，这与开水中青蛙临难时的奋起一跃和温水中的坐以待毙是一个道理。

● 让懒惰、拖拉远离自己

每个人都有惰性，它恰恰是成功的腐蚀剂，就像一把刀子，慢慢地扼杀进取心理的强大力量。惰性不是天然形成的，它是贪图安逸和享受的产物，也是游手好闲、虚度时光的结果。所以，我们要努力脱离“顽敌”的束缚，不做拖拉一族！

不妨为自己制订一个详细的小计划吧！

①今天一定要在九点之前把家庭作业做完，再看电视。

②今天一定要把家里的脏衣服洗好，再出去玩。

③今天一定要把课外书读到××页，再睡觉。

然后去严格执行吧！不要拖拉哦！今日事今日毕！

心灵自助

马夫的梦想

齐勃瓦出生在乡村，刚开始的时候，他只是一个贫穷的山村马夫。但他不甘心一辈子做马夫。后来，他来到钢铁大王安德鲁·卡内基所属的一个建筑工地打工。虽然他的薪水很低，但是他很珍惜这个工作机会，当其他人在抱怨工作辛苦、薪水低的时候，齐勃瓦总是毫无怨言地工作着。

有一天，公司的经理到工人宿舍视察时，无意间看见了齐勃瓦桌子上放的书，又翻了翻他对工作所做的笔记，什么也没说就走了。之后，经理把齐勃瓦叫到办公室问："你学那些东西干什么？"齐勃瓦回答说："我不想一直只做一个打工者，我想做一个既有工作经验又有专业知识的技术人员和管理者。"

过了不久，齐勃瓦就被破格升任为技师；再过不久，他已经是工程师了。那些打工者都向齐勃瓦寻找其提升的秘诀。他回答说："我时刻提醒自己不光是在为老板打工，更不单纯是为了赚钱，我是在为我自己工作。所以，不管任何时候，不管领导在不在，我都时刻要求自己学习更多的知识，从而向更高的目标进取。"

任何人，不管具备什么样的学历、能力，不管做什么，都应保持一颗进取心，主动去了解自己应该做什么，还能做什么，怎样精益求精，做到更好，并且认真规划它们，然后全力以赴地完成。

魔法心语

人生，没有了进取，就如行尸走肉，渐渐会被奢华所吞噬；人生，没有了进取，就如没有了灵魂的躯壳，思想已经一去不复返；人生，没有了进取，就如停滞不前的时钟，永远也不能找到正确的钟点。

第二篇　为留守雨季撑起一片晴空

没有母亲温暖的怀抱可以时刻给你呵护，没有父亲坚实的肩膀可以时刻给你力量。面对生活的无奈和打击，亲爱的孩子，你还好吗？你可知道，人生好似一条河，既有波澜壮阔，汹涌澎湃，也有清风徐来，水波不兴；人生又好似一首歌，既有欢乐的音符，也有悲壮的旋律；人生好似一条船，既有一帆风顺时，也有急流险滩处。可是，在我们每个人的心中都有两盏灯，一盏是希望之灯，一盏是勇气之灯。有了这两盏灯，就不再怕海上的黑暗和风浪的险恶了。在乐观和积极的力量中撷取一份坦然面对的勇气，微笑着迎接每一个早晨，相信我们的前方就会变得盎然多彩，芬芳无限。

绚烂一笑，芬芳满园

人生如画，有了微笑的画卷，便添了亮丽的色彩；人生如酒，有了微笑的美酒，便飘着诱人的醇香；人生如歌，有了微笑的歌声，便多了动人的旋律；人生如书，有了微笑的书籍，便有了闪光的主题。给自己一个微笑，可以扫除你抑郁的心情。亲爱的孩子，当我们给别人一个微笑，可以拉近你我心灵的距离；微笑面对生活，将会有微笑的回报。微笑面对他人，那么周围的人都会感受到你的温馨。

成长烦恼

二蛋和丫丫最近很忙，忙什么呢？原来是班里组成了义务服务小队，结成互帮互助对子，共同帮助那些学习、生活需要帮助的同学。他们的工作一直都挺顺利，唯独一个同学让他们为难了——天天。

天天曾经是个很漂亮的女孩，大大的眼睛，高高的鼻梁，是村里公认的水灵娃，可是，由于一次高烧，让天天留下了些许后遗症。天天的父母为了攒足医药费，让她过上好日子，去年随村里的打工大军去了广州，留下天天和姥姥生活在一起。

自从父母离开家后，原本就不怎么开朗的天天更是沉闷了起来，不跟人说话，平日里更是难得见她笑一次。胆子也很小，每天独来独往，走路也总是低着头靠着墙根走，学校里的同学都觉得她有问题，不会笑，不说话，不合群，一副冷冰冰的样子。久而久之，在学校天天也就没有什么朋友。

为了让天天有好的心情，快乐起来，融入集体的温暖大家庭里，丫丫和二蛋每天都会陪她回家，跟她一起玩，一起学习，给她讲一些励志的小故事，逗她开心。可是无论他们怎么努力，天天就是不肯笑，依旧一副冷漠孤独的样子。这下，二蛋和丫丫真的不知所措了……

亲爱的孩子，你还记得你的微笑吗？你多久没有绽放真心的微笑了？要记住，无论生活给予我们的是打击是不幸又或是磨难，都要学会微笑，用我们的微笑去融化一切。

读心课堂

亲爱的孩子，生活中的人们为什么总是要微笑呢？一个灿烂的微笑又代表什么呢？微笑又有哪些奇特的魅力呢？

● 你微笑里的潜台词是什么？

真诚的微笑，其效用如同神奇的按钮，能立即接通他人友善的感情，因为它在告诉对方：我喜欢你，我愿意做你的朋友。心理学家认为，微笑可以使对方分享积极的情绪体验，有助于增进彼此的好感并拉近距离。当你对别人微笑时，其实就在传递一种快乐的积极信号，意味着你对他表示“我很高兴认识你”。对方就会因此和你产生共情，体会到你的快乐，更愿意和你接近。无疑，没有什么能比微笑更能提升你的个人魅力了。

● 微笑有哪些奇特魅力呢？

心理学家指出，正面的、积极的、友善的情绪有“传染效应”：对陌生人微笑，表达出善意，不仅能给对方带来快乐，也能给自己带来一个正面情绪的回馈，从而得到快乐，缓解烦躁情绪。微笑还有其他什么作用呢？

1. 微笑使我们心情愉快，扫除抑郁的情绪和阴霾，让我们重获活力。焦虑和苦恼也会消失无踪。善待人生，这样的人才会产生吸引别人的魅力。

2. 微笑使我们充满信心，乐观向上，微笑是最美的代言词。

3. 微笑使我们心胸坦荡，善良友好，待人真心实意，使人在与其交往中自然

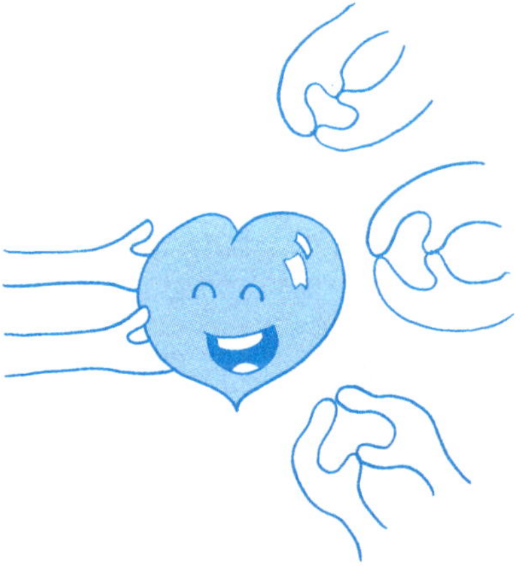

放松。有助增强联系,维系关系。

4. 微笑可以创造一种和谐融洽的气氛,它具有反馈效应。微笑待人,多会取得积极反馈,让我们的交往对象倍感愉快和温暖。

5. 微笑可以帮助我们减压,为我们的大脑快速充电。

微笑永远是美好的,微笑能抚平我们精神的创伤,微笑能使我们精神焕发,充满自信。亲爱的孩子,请随时保持我们最绚烂的微笑吧!

心法秘籍

亲爱的孩子,既然微笑有那么大的魅力,那生活中该怎么养成微笑的习惯呢?一起来看看心理博士怎么说吧!

● **嘴角上扬 15 度**

当你的嘴角上扬15度时便会产生一个令人心情愉悦的微笑,一个小小的动作,快乐的气氛就会一直传递下去。马上尝试一下吧!

● **对着镜子绽放笑容**

每天早上起床后,回忆几件令自己开心的事,出门前对着镜子绽放你最美的笑容,告诉自己"微笑是最美的代名词,要保持微笑哦!"

● **小问题,大微笑**

当有人不小心踩到你时,给予他一个谅解的微笑;当朋友失败时,给予他一个鼓励的微笑;当有人帮助你时,给予他一个感激的微笑。

试想一下哪些微笑会让你感觉到温暖和动力,尝试把你的微笑牌填满吧!

微笑牌

____

____

____

● 乐观心态，微笑相迎

用你最美的笑容迎接每一天，即使是乌云密布或是狂风骤雨；即使生活中的挫折或是打击或是孤独。时时刻刻提醒自己“我微笑了吗？”

● 微笑疗法——自我减压

遇到困难或压力大时，给自己一个大大的微笑，深呼吸，大声喊“我可以，加油！”

● 笑脸、苦脸大比拼

在一张纸上，画出一个大大的笑脸和一个苦脸，问问自己和同伴，喜欢看到别人呈现哪一张脸？

有一则广告诠释了对微笑的赞美，与你们共享：

它不花什么，

但可创造很多成果。

它丰盛了那些接受的人，
而又不会使那些给予的人贫瘠。
它产生在一刹那之间，
但有时给人一种永远的记忆。
它是疲倦者的休息，
沮丧者的白天，悲伤者的阳光，
又是大自然的最佳良药。
但它却
无处可买，
无处可求，
无处可借，
无处可偷，
因为在你把它给予别人之前，
没有什么实用的价值。
它是什么？它就是微笑。

魔法心语

微笑，是春天里的一丝新绿，是秋日里的一缕阳光，是骄阳下的一片浓荫，是冬雪中的一株红梅……微笑着去面对所有的一切吧，无论是打击或是磨难，又或是惊喜或美好，你会感到人生是那样的温馨与甜蜜！

撑起留守的晴空

生活是一面镜子，乐观的人看到的是自己的快乐，悲观的人看到的则是自己的苦涩。乐观的人在每种忧患中能看到一个机会，悲观的人在每一个机会中看到的却是一种忧患。乐观的人可以在茫茫的黑夜里读出星光灿烂，增强自己对生活的自信；悲观的人则让黑暗埋葬了自己。无论何时何地身处何境，用乐观的态度对待生活吧。

成长烦恼

鸡叫第二遍的时候，二蛋就起床了。不用人叫，他每天五点就准时起来。二蛋快速地煮好稀饭，叫醒熟睡的弟弟之后，就端了一碗饭，夹点咸菜坐到灶门前，时不时往灶里添柴火。锅里是今早的猪食，奶奶身体一直都不好，二蛋总是煮好猪食拎到猪圈旁，这样奶奶就只需舀到猪槽里，可以省很多力。之后，还要喂好鸡鸭。

一边吃饭一边烧火，耳边传来婶娘叫鹏鹏起床吃饭的声音，他心里就好羡慕，每天不用起那么早，饭也有人做……唉，别想了，反正父母不在家，想也没用。吃完饭，收拾好一切，二蛋才带着弟弟去上学。

上了一天的课，铃声一响，二蛋背着书包就往外冲。突然，乌云满天，眼看就要下雨了，今天的草料还没割回来，得快一点。跑回家，放了书包，背上背篓就往山上跑。可雨说来就来，二蛋赶紧挺起身子背上草料赶路。噼里啪啦，豆大的雨点很快把土路变成了泥浆。二蛋脚下一滑，沉甸甸的背篓一歪，人就随着往小土坡下面滚去。好不容易挣扎着停下来一看，双手和手臂上都布满擦伤，左脚的脚踝疼得不敢沾地，头发、衣服上全是泥水。

回到家，婶娘在那边屋里大声叫二蛋接电话，是妈妈爸爸来的电话。他俩出去打工快一年了，每个月会往家里打一两次电话，刚叫了一声“妈……”，二蛋强忍着的眼泪就哗啦啦地流了下来。“妈，今天我在山上摔了一跤，好疼啊！”“啊，没有摔伤哪儿吧！”“嗯，妈，我好想你！你回来呀！为什么不回来……”“我……”二蛋越说越伤心：“妈，回来吧好吗？”听到二蛋的哭声，妈妈在电话里心疼地哭出声来，心中的思念也愈发浓重了，她也想二蛋和小儿子，很想很想。

亲爱的孩子，当我们必须用自己瘦弱的身子撑起一片天的时候，我们是选择退缩还是勇敢面对呢？俗话说阳光总在风雨后，现在的这些苦痛只是为了让以后的我们更加幸福。

亲爱的孩子，与父母长期分离的我们，是坚强乐观地微笑面对还是被挫折打败了呢？你是一个乐观者还是一个悲观者呢？

● 乐观者与悲观者有什么不同呢？

悲观和乐观都是人的一种态度，同样一个圈，乐观者看到的是油炸圈饼，悲观者看到的却是一个窟窿。乐观者总是告诫自己“我能！我行！”悲观者却总是逃避“我不行，我做不到”。乐观的人处处可见“青草池边处处花”，“百鸟枝头唱春山”；悲观的人时时感到“黄梅时节家家雨”，“风过芭蕉雨滴残”。

有两个人在沙漠里行走，各自仅剩半瓶水，悲观者说：“完了，完了，只剩半瓶水，我一定会渴死的。”乐观者却说：“还好，还好，还有半瓶水，我一定会走出去的。”最后，悲观者渴死在沙漠里，而乐观者却走出了死亡沙漠。可见，对于同一件事，乐观者看到的永远是希望，而悲观者看到的却永远是绝望。

● 你可知道，乐观有哪些魔力？

心理学研究表明乐观是对个体有益的一种心理品质，是一种积极体验。乐观与良好的情绪状态、坚韧的心理品质和生理健康之间关系密切。另外，乐观与免疫系统的高效运作密切相关，也就是说，乐观的心态有助于预防或战胜疾病哦！养成乐观的心态，就拥有了产生精神财富的法宝，就拥有了生

命的勇气和信心，生命和生活质量也会得到提高。

因此，不论遇到什么挫折和打击，都要积极乐观地去面对，要有一个快乐的心态，要积极地去努力，去改变，去创造。

那么该如何学会乐观地面对生活呢？

心法秘籍

乐观地面对生活，生活便会对你笑，那么要怎样才能使自己成为生活里乐观向上的小战士呢？还是听听心理学博士怎么说吧！

● **我可以，我行**

学会积极的心理暗示，遇到困难时，对着镜子里的自己说："我是最棒的！""我一定会成功！"要善于发现自己的进步，要为自己的进步和成长而自豪，要及时给自己一个满满的微笑以作鼓励。

● **一个硬币，有两面**

要明白，任何事物都有正反两面，困难挫折之中或许蕴含着机会，塞翁失马，焉知非福。要看到问题积极的一面，用积极的心态去面对。正所谓不经历风雨怎能见彩虹，梅花香自苦寒来！

● **知足常乐，苦中作乐**

学会满足，不要好高骛远，在逆境中，也要看到自己所拥有的幸福，也要微笑着！现在就尝试在下面写下你所拥有的幸福吧！

我拥有关心我的知心朋友！	我拥有健康的体魄！
______	______
______	______
______	______

● **了解自己，喜欢自己**

先回答下面的小问题吧！

我是谁？ ______

我最擅长什么？____________________

我最期待什么？____________________

我做什么会感到幸福呢？____________________

我喜欢的自己是什么样的？____________________

现在你会发现什么？要了解自己才能真正地喜欢、接受自己哦！

● 合理宣泄

在情绪不好的时候，就要及时合理地发泄，比如：向朋友老师倾诉自己的委屈和不快，或是去田间或河边大声唱歌，大声喊出来、哭出来，宣泄心中的郁闷，随后会很快恢复活力的。

● 正确的生活方式

①保证充足的睡眠。睡眠充足才能拥有乐观的心态，才能抵御坏心情来袭。

②合理饮食。只有通过合理饮食，才能保证大脑所需的营养充足，才能使大脑“不闹情绪”。

③经常运动。在运动中，人体会产生一种让人心情愉悦的激素。运动会让心情更加愉悦。

假如生活欺骗了你，

不要悲伤，不要心急！

忧郁的日子里需要镇静：

相信吧，快乐的日子将会来临。

心儿永远向往着未来；

现在却常是忧郁。

一切都是瞬息，

一切都将会过去；

而那过去了的，

就会成为亲切的怀恋。

——《假如生活欺骗了你》

最后不妨读一下这些书籍吧！海伦·凯勒的《假如给我三天光明》，海明威的《老人与海》，路遥的《平凡的世界》，相信读完这些作品会让你懂得乐观积极的生活是多么美好的一件事。细细品味吧！

魔法心语

乐观是失意后的坦然，是平淡中的自信，是挫折后的不屈，是困苦艰难中的从容。拥有乐观，就拥有了力量；拥有乐观，就拥有了希望的渡船；拥有乐观，就拥有了艰难中敢于拼搏的精神和建造自己辉煌明天的力量。

用热情装点青春

热情是一种具有巨大推动力的情感，热情像糨糊一样，可让你在艰难困苦的场合里将自己紧紧地粘在这里，坚持到底。它是在别人说你“不行”时，发自内心的有力声音——“我行！”亲爱的孩子，你可知道，只有那些对向往的事业怀有巨大热情的人，才能激励自己克服困难，顽强地进行创造性活动。生活同样需要热情的火焰，来点燃我们的青春，让生活更加绚丽。

成长烦恼

最近丫丫发现一件很奇怪的事情，那就是好久没有看到二蛋在小河边晨读了，即便在教室里碰见了，二蛋也是一副无精打采的样子，有时还趴在桌上睡觉，迟到早退更是成了家常便饭，就连二蛋最喜欢的操场上都看不见他奔跑的身影了。

放学回家的路上，丫丫忍不住追上了走在前面的二蛋。

“二蛋，你最近是咋的啦？怎么这么没精神呢？是不是生病了？”

“没有，没生病。”

“那是想你爸妈了？你爸妈不是刚刚回来看过你么？”

“不是，丫丫，我就是突然间觉得活着好无聊，整天就这样上学放学，读书吃饭，割猪草喂猪喂鸡，天天这样真的很没意思，好枯燥。”二蛋清澈的双眼，突然像蒙上了雾气，黯淡了许多。

“二蛋，你怎么突然间就没有热情了呢？只有对生活充满热情才能感受到生活的美好与幸福。悲观一天是活，乐观一天也是活，为什么不让自己活得更有激情更有意义呢？”

“对啊！对哦……”二蛋忽然抬起了头，黯淡散去，清澈的瞳仁里闪烁着一种属于青春的跃动。

周国平曾说:“当一个人没有任何欲望而又渴望有欲望之时,他便感到无聊。”不要让无聊的情绪控制我们太久,没有生活的热情,我们可以给自己建立新的目标,然后尝试,在充满挑战的人生中激情地有意义地生活。

读心课堂

亲爱的孩子,什么才是热情?对于这个熟悉的词语你又了解多少呢?你可知道热情对于我们的生活是多么的重要?

● 你真的了解热情吗?

1946年,美国心理学家阿希做了一个心理学史上著名的实验,被称为“热情的中心性品质”实验。他列出有关人格的六项品质,包括:聪明、熟练、勤奋、热情、实干和谨慎,给一组学生。同时,他给另一组学生几乎同样的六项品质,不同的仅仅是把“热情”换成了“冷酷”。结果,具有“热情”品质的人受到了学生的衷心喜爱,他们慷慨地用各种优秀的品质描述他;具有“冷酷”品质的人则遭到了人们的敌意和仇恨,他们把各种恶劣的品质统统罗列在他的“冷酷”品质之下。

● 热情为什么具有神奇的魔力呢?

据心理学家分析,热情的源泉来自于对生活的热爱和信赖,热情的人之所以被人们喜欢是因为热情的品质包含了更多的个人内容,它让人们联想到与之相关的其他优良品质和特性。一旦我们被热情所吸引,我们就会认为热情的人真诚、积极、乐观。不仅命运之神青睐他们,人们也愿意把友谊奉送给感染自己的人。

因此,热情不仅有助于树立你在生活中的良好形象,还可以让你体验生活的美妙情节,并为成功的形象增加魅力的光环。它像一股神奇的魅力弥散在周围,感染着四周的人们,并把他们吸引在身旁。它让人们感到精神力量瞬间倍增,好像我们什么奇迹都可以创造。如果你留心观察身边的人,就会发现,那些幸福的人都是充满热情、愉快、笑口常开的人。他们性格开朗,乐

于助人，因而他们无论走到哪里都受到欢迎。

心法秘籍

热情是掌握了整个人的身心，决定一个人的思想行动的基本方向的情感。那么如何做一个充满热情的人呢？还是请教心理学博士吧！

● 让“应该”的条条框框随风而去

生活中很多时候，正是由于“应该”这两个字，让你失去了行动的幸福感。你是否也经常听到这些：

“你应该好好学习。”

“你应该努力奋斗长大成才。”

“你应该坚强地照顾弟妹。”

什么是应该做的？是时候让这些“应该”的条条框框都走开了，告诉自己，这些不是我们应该做的，而是我们喜欢做的，这些是令我们感到幸福的事。要告诉自己要对生活充满兴趣和幸福感，只有这样，才会加倍珍惜！

● 尝试一下小的改变

做一个热情的人并不是一蹴而就的，为何不从小事开始，慢慢改变呢？不妨从现在开始吧！

①每天出门前对着镜子中的自己微笑，告诉自己“生活真的很美好”。

②每天睡觉前对自己说一些鼓励的话。

③多参加集体活动，和朋友一起玩耍，相互帮助。

④每天抽出一段时间做自己喜欢的运动，如跑步、画画、唱歌等。

● 休息好，再出发

精力充沛才能更有热情。忙碌而劳累的学业和家务，往往使你向往放松。这时，不妨就停下来，做点平时没工夫做的事，如约几个伙伴去走走，互相倾诉一下，你将会发现，这样更能增加自信心，还能让你精力更加旺盛。

● 做生活的“偷窥者”

热情是可以相互传染的。做个生活的“偷窥者”，时刻观察身边的人，跟某个热衷于一件事情的人待在一起，你就会被他的热情所感染。榜样的作用是无穷的哦！另外，为何不准备一个小本本，随时记下你所遇到的开心事呢？失落的时候翻开看一看，或许你会觉得生活中的欢乐总是要多过悲伤失意的。

开心记录本

____

____

● 每一件事都是充满乐趣的

把家务或是学习当成像娱乐一样有趣的事情，告诉自己，你所做的不是“不得已的苦役”，而是你喜欢的事。你还会有这样的抱怨吗？为何不转换一下想法呢？这样或许对生活就会多一些热爱哦！

1) 原来的角度：要喂猪喂鸡，洗衣服，无穷无尽的家务活，好烦，生活真累。

换一个角度：做家务可以让我学会独立，还可以锻炼自己，是个好机会。

2) 原来的角度：那么多作业那么多书，读书真是苦差事！

换一个角度：读书可以让我学到很多外面世界的东西，是一种莫大的乐趣，真好！

你还有哪些抱怨呢？写下来，然后把它们当作一种乐趣，再去尝试，你会发现同一件事，会有不同的效果哦！

____

____

____

心灵自助

亲爱的孩子，没有热情的青春犹如一潭死水，没有生机没有活力，甚至没

有了生命的意义：

青春是一首
永不言败的歌
青春是一条
永不停息的河流
青春是一本
读不厌的书
青春是一杯
品不尽的茶
青春是一座
屹立在民族之林的高峰
刻印千千万万青年的足迹
青春是一座
知识的宝塔
洒下千千万万青年的汗水
青春是一棵正在茁壮成长的树
备受风吹雨淋的考验
青春是一朵
含苞欲放的花蕾
欲向世界展现独自的风姿
我用一颗热情奔放的
青春之心
送给自己一份青春礼物
那就是青春之诗

魔法心语

你有信仰就年轻,疑惑就年老;

有自信就年轻,畏惧就年老;

有希望就年轻,绝望就年老;

岁月使你皮肤起皱,但是失去了热忱,就损伤了灵魂。

不要为打翻的牛奶哭泣

人生如天气，艳阳之下亦有雨，树静之后必起风。如果觉得不如意，那就去风中吹吹，去雨中淋淋，世界如此大，风景如此多，与其蜷缩在阴影里，不如积极地去搏击、去面对，把失败当起点，视挫折为阶梯。亲爱的孩子，只要我们努力过，奋斗过，你就会发现，没有了阴影，阳光就失去了意义，伤口上长出的鲜花，会更加绚丽夺目。

成长烦恼

林老师现任刘庄小学六年级一班的班主任，为了能更好地提高学生的成绩，她对班级里成绩较差的学生都做了家访。

在家访过程中，林老师发现调皮的小宇长期同爷爷、奶奶生活在一起，其父母在外经商。虽然他成绩不好，可在家里却是个孝顺的孩子，他的爷爷奶奶一直夸他懂事。听到这些的时候，林老师开始困惑了，这么懂事的孩子为什么在学习上不肯努力呢，难道真的是不感兴趣？

带着这个疑惑，林老师离开了小宇家，找到了小宇的前任班主任。原来以前小宇的成绩一直很好，不仅人聪明，学习也很刻苦，年年被评为三好学生。可后来，突然间小宇就像换了一个人，上课心不在焉，成绩一落千丈，整天逃课打架不说，甚至还闹着要退学。通过沟通，林老师对小宇的了解越多，内心的疑惑也就越重了。

周五放学后，林老师将小宇叫到办公室，希望通过聊天的方式来了解他的内心。可他却一直重复说："我妈老说我笨，说我一家都笨，我也肯定聪明不了，学也没用，也考不上大学，还不如出去打工挣钱来得实在。最近我觉得学习越来越难了，听不懂，作业又多。我觉得还是我妈说得对，我太笨了，与其在这浪费时间，不如跟我爸出去打工赚钱。"

听了小宇的话，林老师终于明白小宇厌学的原因了，原来他是听信了妈妈那些消极悲观的话，坚信自己不适合上学才会导致现在的结果。

亲爱的孩子，当面对这种情况，你们会怎么做呢？也会消极地认为自己不可以吗？在全力抵达成功的彼岸时，却发现没有鲜花没有掌声。你可知道，在人生的道路上，我们还会遇到更多人的质疑，但正是因为这份否定，我们才应该更加努力。我们要用事实告诉他们，我们可以！

读心课堂

亲爱的孩子，成功最大的敌人就是你自己的消极心态，它把你吓倒。要想成功，必须牢固树立积极的心态。那么积极的心态有哪些美好品质呢？又有哪些神奇的魔力呢？

● **积极有哪些具体的心理品质呢？**

积极心理学认为人与人之间只有很小的差异，但是这种很小的差异却造成了巨大的差异！很小的差异就是所具备的心理品质是积极还是消极的，巨大的差异就是成功和失败。一个人所持的心态会决定他一生的命运。

让我们一起来数一数积极的心理品质有哪些。

自信、乐观、爱、开朗、勇敢、热情、自立、幽默、稳重、勤奋、毅力、负责、理性、率真、宽容、坚韧、自强、奋进、努力、独立、顽强、坚持……

你具有上面的哪些品质呢？

● **积极的心态有什么样的神奇魔力呢？**

积极心理学认为具有积极观念的人拥有更良好的社会道德和更佳的社会适应能力，更能轻松地面对压力、逆境和损失。心理学研究表明，具有积极情绪的人比一般人更能忍受痛苦。例如，将手伸入冰水中，普通人只能忍受60到90秒，但一个具有积极的情绪的人，往往忍受的时间要长一些。

有一个有趣的心理学实验：将一只健康的小鼠放到盛满水的杯子里，小鼠在挣扎了8分钟后死亡，再将一只健康小鼠放入相同容器内，待其挣扎5分钟后给其一块救生板，小鼠得救。过几天后再将其放入相同容器里，会发现，小鼠挣扎了 20 分钟还活着。这是为什么呢？

积极心理学认为，有过逃生经验的小鼠会产生一种精神力量，它相信会有跳板救它出去，这使得它能够坚持更长的时间。这种精神力量，就是积极的心态。

或许，你会发现乐观的人多能成功。原来，人类天生偏爱积极的人生观。乐观可以给自己勇气，也可以给别人好印象，让别人认为你是一个有发展前途的人、是一个值得信任的人、一个充满信心的人，所以更容易获得成功。

那么怎样才能做一个积极的人呢？

心法秘籍

一个人如果心态积极，乐观地面对人生、乐观地接受挑战和应付麻烦事，那他就成功了一半。那么怎样才能使积极的美好品质扎根在我们的心中呢？

● **大声呼喊：我可以**

无论遇到什么样的困难都要积极地自我暗示，“我可以！我一定可以！”“只要我肯努力一定可以做到！”“我不比任何人差！”思考一下还有哪些话是可以激励你的斗志的呢？写下来，可以时刻鼓励自己哦！

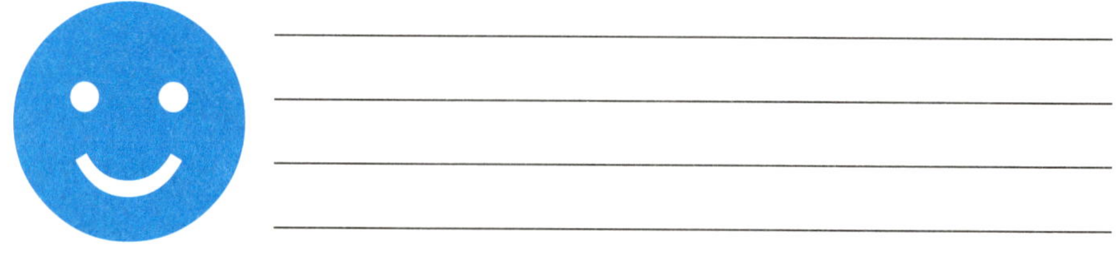

● 制订一个小计划

拿出一张纸写下你的“积极挑战计划”，制订一个个小的目标，如，这次考不好也绝不气馁。逐步完成它们，完成之后给自己一个红星星以作鼓励。

积极挑战计划　　　　姓名________

终极目标________________________

子目标________________________

____

____

● 马上行动

制订好计划，那就立即实施吧！决心并积极地采取行动，才能实现你所追求的梦想。不要拖拉不要犹豫，抛弃空想，果断地去做，脚踏实地地去行动。

● 书海遨游

阅读一些励志的书籍，名人传记，智慧背囊，小故事大智慧等。向书中的人，如身残志坚的张海迪等积极向上的人物学习。无论面对怎样的挫折和打击都保持积极的心态，不放弃！

● 你的 ABC

心理学家埃利斯提出了情绪 ABC 理论，即当不好的事(adversity)发生的时候，人们会自然地产生一个信念反应(belief)，而这个想法会进一步影响到事件的后果(consequence)。现在不妨记录下你的 ABC 吧！看看你的积极或是消极的想法会导致什么样不同的结果吧！

不好的事 A________________________

你的想法 B：积极的____________消极的____________

事件后果 C________________________

____

● 找对交往的朋友

和积极向上的人交往，会在无形中感染你、带动你的积极品质。记住你听到的那些充满力量的话语，因为所有你听到的或读到的话语都会影响你的行为。

● 适时做“聋子”

当有人告诉你你的梦想不可能成真时，你要变成“聋子”，对此充耳不闻！要记住：我一定能做到！永远不要听信那些习惯消极悲观看问题的人，因为他们只会粉碎你内心最美好的梦想与希望！

心灵自助

心态决定一切——积极的心态会带来积极的结果，它使人看到希望，保持进取的旺盛斗志。消极的心态却使人沮丧、对生活和人生失去希望。

从明天起，做一个幸福的人
喂马、劈柴，周游世界
从明天起，关心粮食和蔬菜
我有一所房子，面朝大海，春暖花开
从明天起，和每一个亲人通信
告诉他们我的幸福
那幸福的闪电告诉我的
我将告诉每一个人
给每一条河每一座山取一个温暖的名字
陌生人，我也为你祝福
愿你有一个灿烂的前程
愿你有情人终成眷属
愿你在尘世获得幸福
我只愿面朝大海，春暖花开

——《面朝大海，春暖花开》

魔法心语

心晴的时候，雨也是晴；心雨的时候，晴也是雨。这就是说：心态决定一切——积极的心态会带来积极的结果，保持积极的心态，你就可以控制环境，反之环境将会控制你。

架起心灵的桥梁

沟通是人与人的交流，是心与心的对话，有时它无需冗繁拖沓的语言。亲爱的孩子，只要我们肯伸出双手，敞开我们的心扉，让别人去拥抱我们的热情，那么也许只要一个眼神，一个简单的手势就足以让别人感受到有一颗赤诚的心在他面前跳动。沟通在人与人之间架起了心灵的桥梁，每一次心灵的交流和理解，都将打破心与心之间的隔阂，缩短心与心之间的距离。

成长烦恼

自从父母出去打工我住进叔叔家后，觉得一切都变了，多姿多彩的童年梦如今一片黯淡无光。

叔叔是开服装店的，家境比较富裕，在日常饮食与衣服方面，他都给我最好的。其实我应该感到满足，可是我总觉得心里空荡荡的。叔叔家的弟弟比我小两岁，喜欢缠着我玩，以前我也很喜欢和他黏在一起。可自从我和他住在一起之后，我开始不喜欢和他说话了，每当他找我玩的时候，我就借口作业多躲进房间里。

其实我并不是讨厌他，只是每当我看到他在叔叔婶婶的怀抱里撒娇时，我的心里就莫名烦躁。后来我才慢慢发现，原来我是在羡慕他，在他的幸福面前，我觉得自己太过孤单卑微。放学回来没人问我今天开不开心，学会了什么，有没有调皮打架。此刻我才发现，妈妈那不厌其烦的唠叨声，对于此刻的我而言竟是如此怀念。

我是多么向往以前的生活啊！有什么烦心事可以躲在被窝里和妈妈咬耳朵，妈妈总能帮我解决。有什么困难，可以和爸爸一起面对，爸爸总能帮我处理好，可现在只剩下孤独和无助。

逢年过节的时候爸爸妈妈会请假回家，每次都会给我带很多吃的、玩的、穿的，这个时候我感觉我是世界上最幸福的。可幸福总是转瞬即逝的，爸爸妈妈总是待不了几天就又要回去了，每次我都是依依不舍地送他们离开，之后所有的一切又都回到原样。我多想用自己的一切换回以前的生活，我不要漂亮的衣服和新鲜的玩具，我只想爸爸妈妈陪在我身边。

两年过去，生活中的苦与乐仍在不间断地交替上演，我始终只向枕头下的日记本诉说我所有的喜怒哀乐。

亲爱的孩子，你们是否也那么渴望和父母沟通，诉说心事呢？

亲爱的孩子，生活中的你有没有想过，生活在社会群体里的我们为什么需要沟通呢？沟通又能为我们的生活带来哪些改变呢？

● 人类生活中为什么需要沟通呢？

心理学认为，人际沟通具有心理、社会等功能，和人们的生活息息相关。

1. 心理功能

A. 为了满足社会需求和他人沟通

心理学家马斯洛认为，人是社会动物，沟通和交往能够满足人的“归属与爱的需要”，如果人与其他人失去了相处和沟通的机会，就会出现幻觉、心理失调等症状。

有这样一个心理学实验，要求被试在一个隔离室中，不与任何人交往，仅几天后，被试就无法忍受，退出了实验。这证明了，长期缺乏与他人的沟通交流，会影响其社会适应能力的发展和个体的心理健康。

B. 为了加强自我肯定而和他人沟通

通过沟通，你能够探索自我以及肯定自我。与他人沟通后所得的互动结果，往往是自我肯定的来源，人都想被肯定，受重视，从互动结果中就能找到答案。

2. 社会功能

即通过沟通和交往来了解他人，并在此基础上发展、维持良好的社会支

持网络，这对于一个社会人是非常重要的。

● 沟通可以改变什么呢？

1. 不良情绪的宣泄渠道

如果你把你的心事和朋友说一下，那么不仅可以听到别人提出的好意见，而且诉说的过程也会使你感到很愉快。

2. 增强自我价值感

如果从来没有一个人愿意和你沟通，那无疑表达了一个信号：你不被大家相信，或别人根本不需要你。有效的沟通有利于我们建立良好的人际关系，能够使你和家人、朋友互相尊重、互相关照、互相体贴、互相帮助，充满关爱和温暖。

那么怎样才能做一个会沟通的人呢？

亲爱的孩子，有效的沟通视个人的沟通能力大小而定。那么如何才能提高我们的沟通能力呢？

● 善于倾听

倾听的过程也是一个与人分享的过程，可以增进彼此的感情，产生与他人共情的愉快。因此，从下次沟通开始，就多倾听一些吧！这也是为什么人都有两只耳朵、一张嘴的原因哦。

● 控制你的情绪

下次情绪失控时，可以试一下下面的小方法哦。

①数数字，慢慢数，一直数到不发火。

②转移注意力，如果你想要发脾气，可以提醒自己想些别的事情，冷静下来。

③离开这个情境，在发脾气前，迅速离开这个引起你愤怒的地点，到外面走走。

④明确地告诉自己，不要发脾气，要大声地说出来，多说几次之后，你的脾气就会小很多。

● 用身体语言与人沟通

告诉你一个有助于良好沟通的技巧——SOLER 技巧：

S(Sit) 指的是“面对着别人而坐”；

O(Open) 表示“要表现出开放而自然的姿势”，双手抱着双肩的姿势是一种最为拒绝的表示，所以不要轻易使用哦；

L(Lean) 的意思是“身体要微微地前倾”，这是表示关注的方法；

E(Eyes) 表明的是“目光的接触”，在和别人谈话的过程中，眼睛要偶尔直视对方，这是感兴趣的标志哦；

R(Relax) 是“放松”，即在别人面前不要过分拘谨，这样会让对方也感到很不舒服。

有效地运用 SOLER 技巧，可以给人留下很深很好的印象，当然，最重要的原则还是真诚哦！

● 积极的反应很重要

要积极并肯定对方或及时给予对方反应，可以尝试这样做：选一个与你亲近的人，然后开始记录，当他告诉你一些好消息时，你会做出怎样的反应？例如：

我这学期考了班里第一！ ____________________

老师今天夸奖我啦！ ____________________

心灵自助

沟通在你我的心灵间架起了一道无形的桥梁，多一些交流，多一些换位思考，或许一切都会改变。现在将《变形记》的主题曲送给大家：

共一片天空流动着一样的风

每个人的世界都不同

你有的感动我有的执著

彼此无关的梦让我们变得冷漠
一万个理由比不过片刻的沉默
了解比拒绝更容易沟通

伸出你的手抛开主观试着接受
我们需要交流让悲伤不停留
如果我们能换一换换我们的现在
有些事也许会明白
如果真心去想想我们的未来
生活就会更加充满期待
如果我们能换一换换我们的现在
有些人也许很可爱
如果真心去改变我们的未来
世界就会更加精彩

——《变形记》主题曲《如果我们能换一换》

魔法心语

没有沟通的世界，就没有了温情，没有了欢乐，时间久了，人们的心也会变得冷漠；敞开心扉，在你我的心灵间架起沟通的桥梁，倾听对方内心最真诚的呐喊，彼此相惜。让我们的生活荡漾在温暖祥和的海洋里，无论在什么地方，满是美好。

让留守的日子充满力量

在浩瀚的生命之岸，我们应该自豪地告诉世界，我们追求过，我们奋斗过，我们为辉煌的人生从来没有放弃过希望，从来没有停止过拼搏。而这个造就了万物的世界也将自豪而欣慰地回答你：亲爱的孩子，只要奋斗不息，人生终将辉煌。一丝光亮是力量，一声呐喊是力量，一个微笑是力量，一声鼓励是力量，一阵掌声是力量，一片朝阳是力量。力量给予了我们最美好的生活。

成长烦恼

只要提到阿霞，村子里的人都赞不绝口。

阿霞不但人长得秀气，成绩也特别好，是村子里第一位女高中生，一直是其他孩子的榜样。因为父母双双在外打工，所以她一直寄宿在舅舅家，平日除了学习，空余时间会帮助舅妈干家务。母亲为了省电话费，通常要两个月才给阿霞打一次电话，每次也都是寥寥数语，加上舅妈的脾气不好，久而久之阿霞开始变得沉默寡言。

可是最近阿霞开始沉迷网络，整天泡在网吧，听说还搞网恋，成绩更是急剧下滑，王老师发现后很着急，立即把她叫到办公室谈话。可王老师还没开口，一直紧咬嘴唇的阿霞就哭了起来，细细问了下，才弄明白事情的原委。

原来无意中，阿霞听到她舅妈和邻居聊天将她比成一只到处吃饭的狗："你看我家外甥女，东一家西一家，吃得倒不少，可整天都死气沉沉，耷拉个脸就跟别人欠她钱一样，喂猪还能多两斤肉呢，养她有什么用？"舅妈的话彻底击溃了阿霞脆弱的心灵，那一刻她觉得世界太过冷漠了，觉得活着没有任何意思。缺乏父母的疼爱、亲人的理解，生活里一点让她继续努力下去的力量都没有了。

阿霞说："我想爸爸妈妈，我不知道该怎么办，我知道网络都是虚无的，可是在那个虚拟世界有人会听我说话，会带给我短暂的温暖。”

亲爱的孩子，不是每个爱你的人都会在你身边，只有那个爱自己的你才能源源不断地给自己力量。如果周遭一片漆黑，你若能克服一切痛苦，破茧成蝶的刹那你一定会拥有更强大的内心，自我点燃，给自己力量，或许还可以给他人更多的希望。

读心课堂

亲爱的孩子，没有父母在身边，我们也要坚强地生活，要让自己的生活充满力量，不要选择颓废，不要做生活的俘虏，要相信，力量就在我们的身边。

● 力量给予我们什么？

力量给予我们生活。生活，为梦想而奋斗，为奋斗而充满力量；力量给予我们青春。青春，为个性张扬，为张扬而充满力量，张扬自我个性；力量给予我们自信。自信，为成功努力，为努力而充满力量，赋予力量才能更相信自我不被击败，力量中的自信，自信中的力量；力量给予我们勇敢。勇敢，为了坚强而勇敢，勇敢因为力量存在，心中的力量决定勇敢，勇敢靠力量支撑，为生活前进；力量给予我们勤奋。勤奋，为努力而生，为勤奋富有力量，力量带领我们勤奋，不被懒惰战败，为了明天会更好。

● 生活的不竭力量来自哪里？

微笑的力量。包容的微笑，自信的微笑，鼓励的微笑，关爱的微笑。微笑是春天的阳光，是夏天的微风，给寒冷孤独的我们带来温暖的力量。

乐观的力量。乐观，能在困难中看到光明，在逆境中找到出路，尽快走出阴霾，铸就辉煌；乐观，能发挥自己的优长，激发自己的热情，挖掘自己的潜能；乐观，还能吸引和感染周围的人，争取他们的理解、支持与帮助。

希望的力量。希望是生命的灵魂，是心灵的灯塔，是成功的向导，是支撑一切的精神力量。如果没有了希望，也就没有了奋斗、坚持和拼搏。希望之灯一旦熄灭，生活将变得一片黑暗。

团结的力量。你是一颗星，我是一颗星，缀成集体这条星河；你是一棵草，我是一棵草，铺成集体这块绿茵；你是一朵花，我是一朵花，镶成集体这个花圃……团结，一切困难都可以迎刃而解；团结，任何敌人都可以战胜。

坚定的信念给了我们无比的力量，凡事能做。生活的力量就来自生活本身，亲爱的孩子，要用心去寻找你的力量哦！

那么怎样才能使我们的生活始终充满力量呢？

心法秘籍

力量就在你的生活里，它无处不在，只是需要我们用心去体会去寻找。怎么才能找到我们生活的无限力量呢？

● 你的梦想是什么？

找到你的梦想你的信念，大声地告诉自己："……就是我的理想，我会为了它而付出我所有的努力。"相信你会发现，有了方向，便有了追求的无限力量。你的梦想是什么？

我的梦想：

____

____

____

● 慢慢来——一切都会好起来的

追求梦想的路上，要像柔软的水一样，慢慢来，坚持不懈，水滴石穿！相信一切都会好的。尤其在遇到挫折、浮躁不安的时候，这句话能让人安静下来，往前看，放松一下，然后继续前行，这是一种毅力与坚韧，比很多豪言壮语都具有力量。

● 聆听给我们力量的歌曲

累了，倦了，就放下手头上的事，停下前进的脚步，找一个安静的地方，

听一些可以给我们力量的歌曲吧，或许它们会让我们疲惫的心再次充满力量哦！

①《水手》

②《从头再来》

③《相信自己》

④《壮志雄心》

⑤《希望》

⑥《最初的梦想》

⑦《隐形的翅膀》

● 读些给你力量的文字

生活总是充满挫折和打击，我们会感到迷茫甚至筋疲力尽，那么就读些充满力量的文字吧！

1. 如果我们经常存有失败的念头，你便已经输掉了一大截。

2. 坚定的信念给了我无比的力量，凡事我都能做到最好。

3. 人生在世不会总是一帆风顺和美妙动人的。只有经历磨难，才会有最美的彩虹。

4. 收拾好心情，继续走吧，错过花，你将收获雨，人生总有属于你的收获。

你还读过哪些可以给你充足力量的文字，写下来，时刻勉励自己继续前行吧！

给我力量的话语：

____

____

____

心灵自助

汪峰的歌总是充满了神奇的力量，让我们在孤独无助失意的时候，找到继续前进的方向和无尽的力量。现将一首《飞得更高》送给大家，希望给你带来生活的力量和勇气，能够飞得更高。

生命就像　一条大河
时而宁静　时而疯狂
现实就像　一把枷锁
把我捆住　无法挣脱
这谜样的生活锋利如刀
一次次将我重伤
我知道我要的那种幸福
就在那片更高的天空
我要飞得更高　飞得更高
狂风一样舞蹈　挣脱怀抱
我要飞得更高　飞得更高
翅膀卷起风暴　心生呼啸
飞得更高
一直在飞　一直在找
可我发现　无法找到
若真想要　是一次解放
要先剪碎　这诱惑的网
我要的一种生命更灿烂
我要的一片天空更蔚蓝
我知道我要的那种幸福
就在那片更高的天空
我要飞得更高　飞得更高

狂风一样舞蹈 挣脱怀抱
我要飞得更高 飞得更高
翅膀卷起风暴 心生呼啸

——《飞得更高》

魔法心语

生活中最让人感动的日子总是那些一心一意为了一个目标而努力奋斗的日子,哪怕是为了一个卑微的目标而奋斗也是值得你骄傲的。信念给了你前进的力量,热情给了你坚持的力量,微笑给了你行动的力量,乐观给了你奋斗的力量,带上这些力量在目的地一起欢呼吧!

第三篇 留守的日子不孤单

亲爱的孩子，你是否羡慕那些父母在身边的孩子，他们总有父母在身边嘘寒问暖，你是否羡慕别的孩子可以跟父母撒娇，生病时总有父母的悉心照料？而自己，却总是一个人偷偷流泪；生病了，也只能独自承受病痛的折磨。没有父母在身边的日子，你是否觉得好难受，好孤单？可是，亲爱的孩子，你可曾想过，其实留守的日子里，我们并不孤单，即使父母远在他乡，他们的爱和关怀也始终将我们紧紧围绕；还有给我们知识和鼓励的老师；以及那些永远在我们身旁，默默为我们加油，为我们祝福，给予我们支持和欢乐的朋友。

为远方的父母祈祷

没有阳光，就没有温暖；没有水源，就没有生命；没有父母，就没有我们自己。父母不仅赋予我们肉体的生命，还含辛茹苦地哺育我们长大成人，教我们做人。父爱如山，母爱如水，父母的爱是世界上最无私的爱，那种真切和全身心付出的爱让我们在这个纷杂的世界上有了一片属于自己的心灵净土。让我们一起为远在他乡辛苦奔波的父母祈祷，愿他们健康平安！

成长烦恼

从彤彤懂事起，彤彤的父母就已远走他乡，留下彤彤和爷爷奶奶一起生活。

彤彤好羡慕别人家的孩子，因为他们的父母可以在他们身边嘘寒问暖。心情不好时，可以向父母撒娇；生病时，有父母照顾——这是彤彤一直梦寐以求的，却又那么遥不可及。很多时候，孤独的感觉常常犹如暴风雨一样向彤彤袭来，她感到前所未有的孤单。

有一年夏天，本来繁星密布的天突然间来了一场暴风雨，雷声轰轰，闪电在空中肆虐。狂风使窗帘与窗户都打起了架，彤彤连忙起床把窗户关好。这时却停电了，四处一片黑暗，伸手不见五指。胆小的彤彤连忙奔向床，将小小的身子缩在被子里，这一刻，彤彤好想拥有一个幸福"完整"的家，拥有一个真正的避风港。

彤彤虽然很想念爸爸妈妈，但是她很清楚父母是为了这个家才不得不外出打工，所以她从来都不会哭着打电话让父母回来陪她，更多时候她只是安慰他们，告诉他们自己能够很好地照顾自己，让他们在外面安心工作。

特别是每到春节时，彤彤都会起个大早，将家里院外都收拾得干干净净，穿上最好看的衣服，扎起麻花辫，她要让父母看到她最漂亮的一面，让他们知

道她可以照顾好自己。

那时，小小的彤彤便已知晓，有一种祈祷，叫做自我照料。

读心课堂

亲爱的孩子，仁孝是我们中华民族的传统美德，更有“百善孝为先”的说法，那么我们真的了解我们的父母吗？

● 你是否也存在这些问题？

心理学研究发现，和父母长期分离，导致我们和父母的沟通与交流大大减少，只能靠那简短的电话沟通来维系。长久下去，亲子关系逐渐疏远，使得情绪上得不到正常的宣泄，情感上失去了正常的依靠，心理上的诸多需求得不到满足，会增加外显行为失范的发生，产生行为问题。另外还有可能产生情绪问题，主要表现在情绪不稳定，易激怒、抑郁、焦虑、压抑、敌对以及表现出寂寞无聊或心理躁动等问题。

这些问题在你的身上是否也有发生呢？

● 我们对父母了解多少呢？

生活所迫，我们的父母要常年与骨肉分离，承受着强烈的思念之苦。他们强忍别离的痛苦外出打工，只是为了让我们有一个相对宽裕的生活环境，也可以有好的条件读书。但我们是否真正了解我们的父母呢？爸爸妈妈的工作是什么？爸爸妈妈最喜欢吃的食物是什么？爸爸妈妈的身体健康状况怎么样？爸爸妈妈的生日是哪一天？爸爸妈妈最喜欢做的事是什么？这些你都了解吗？不要总是抱怨父母给我们的爱和关怀太少，我们对父母的了解又有多少呢？我们的内心是否会有一些惭愧呢？

心法秘籍

比尔·盖茨曾说:“天底下最不能等待的事情莫过于孝敬父母。”那么我们又该怎样孝顺我们的父母呢?

● 生活小点滴

孝敬父母是一个古老的话题,但是我们是否真的可以做到呢?我们不妨从下面的小事做起哦!

①主动承担一些力所能及的家务,如洗碗洗衣服等,减轻父母的负担。

②听从父母教导,不要顶撞父母,不随意跟父母发脾气。

③有机会,帮父母洗洗脚。

④不摆阔气,不乱花钱,珍惜父母来之不易的血汗钱。

⑤父母生日的时候做一张简单的贺卡道一声祝福。

…………

除了这些,我们还可以做些什么?

____
____
____

● 坚守自己的本分

作为学生的我们,最大的本分就是学习,努力学习,不让父母担心自己的功课、自己的课业、自己的成绩,尽到做学生的本分。即使我们不是班上的第一名,即使我们的成绩不够优秀,但至少我们肯努力去做好,这就够了,相信父母也会理解和欣慰的。

● 爱护自己的身体

身体发肤受之父母,没有什么事比生病更让父母担惊受怕的了,要照顾好自己的身体,不要感染了疾病,这样子,才不会使父母操心你的身体。晚上睡觉时,不要把父母帮你盖的被子踢掉,提醒我们加衣服的时候不要为了“青春美”而拒绝。

● 辨别是非

所有的父母都希望自己的孩子健康快乐地成长，不沾染社会中的坏习惯，作为子女的我们要学会辨别是非。一些坏孩子教你抽烟、喝酒、偷盗、抢劫这些恶习，我们绝对不能跟他们趋之若鹜，走上不归之路，令父母伤心。

心灵自助

一艘纸船承载着我们对父母的爱和思念飘向父母所在的繁华城市，带去我们最真挚的爱和祝福。现将冰心的《纸船》送给大家：

我从来不肯妄弃了一张纸，
总是留着——留着，
叠成一只一只很小的船儿，
从舟上抛下在海里。

有的被天风吹卷到舟中的窗里，
有的被海浪打湿，沾在船头上。
我仍是不灰心的每天的叠着，
总希望有一只能流到我要他到的地方去。

母亲，倘若你梦中看见一只很小的白船儿，
不要惊讶它无端入梦。
这是你至爱的女儿含着泪叠的，
万水千山，求它载着她的爱和悲哀归去。

——《纸船》

魔法心语

一个人如果使自己的父母伤心，无论他的地位多么显赫，无论他多么有名，他都是一个卑劣的人。

——〔意大利〕亚米契斯

怀有一颗感恩的心

“感恩的心，感谢有你，伴我一生，让我有勇气做我自己；感恩的心，感谢命运，花开花落，我一样会珍惜。”我们应时刻怀揣着一份感恩的心。如果说，爱是人类最崇高的情感，那么，因爱而生的感恩之心则是爱的升华：当爱成为一种鞭策，当感恩成为一种自觉，当我们真诚地感谢他人，我们的生活将因此而更加美好！

成长烦恼

炎热的夏天，农忙时节，在外打了半年工的爸爸回到家里收庄稼，中午吃过午饭，爸爸就汗流浃背地忙着蹲在地上修理家里年久失修的自行车。看到小军在房间里看电视，爸爸就大声叫小军帮他拿张凳子过来，总是蹲着他两腿都发麻了。

屋里的小军正看到《变形金刚》最精彩的地方，看得入迷，装作没听见。爸爸以为小军没有听到，就又重复了一遍。小军直接站起来，将板凳扔到爸爸面前，大声吼道：“烦死了，自己不会拿啊！平时不回来也就罢了，一回来就吩咐这吩咐那，真是烦！你不在家也没人打扰我看电视！”转头回到屋里继续看自己的电视。

可这时，小军不知道的是板凳的一只脚恰好蹭到爸爸的额角，渗出细密的血珠，隐隐作痛。看着小军的背影，爸爸双眼开始湿润，他分不清楚那是泪水还是汗水。自己辛苦打工，在外看人脸色，赚着那微薄的工钱，天天牵挂着家里的孩子，就为了让孩子过上好日子，可自己的孩子却这么说，甚至还要赶自己走，心里的防线瞬间崩塌了……

以前小军的学习成绩很差，考试总是60分以下，听说小军的父母都外出打工了，班主任老师就开始每天在课后帮他补课，终于到期末考试的时候，小军考了90分。小军拿着成绩单高兴得合不拢嘴,在班里给其他同学炫耀了一圈:“谁说只有你们才能考90分,我也可以!让你们再瞧不起我!”

当小军走在回家路上的时候遇到了老师,本来小军想趁着老师还没有看到他的时候偷偷地走过去,谁知老师叫住了小军,小军转头不耐烦地对老师说:“干吗呀?我要回家了,老师再见!”老师怔在原地,忍不住地摇了摇头,他只是想和小军说声恭喜并鼓励他一下,可现在……老师忍不住心想,现在的孩子怎么会变成这样?

亲爱的孩子,如果你是小军,面对劳累的父母,帮助我们学习进步的老师,你会怎么做?是用心感恩还是像小军一样置之不理呢?

读心课堂

亲爱的孩子,在我们生活中,有许许多多不懂得感恩的人,他们把亲人、老师对自己的好当成理所当然。

● 什么是感恩?

“感恩”一词最早源于拉丁语,是代表“好心”“慷慨”“礼物”的意思,它是一种高尚的情怀。它是对他人给予的一切的用心感悟,用心体会,用心去接纳和珍惜。

心理学家马斯洛的需要理论认为,“爱与归属的需要”是人的重要心理需要,而感恩的情绪则有助于满足我们对“爱”的需要,主动地将自己的爱和关怀奉献给他人,同样我们也可得到他人无私的爱。拥有一颗感恩之心是社会积极倡导的一种高尚品质,怀揣感恩之心,生活中会有更多的幸福和美好。

● 生活中的我们为什么要感恩?

心理学家发现:感恩具有雪球效应,即感恩的表达可以使你感到更快乐,一旦感恩的心开始跳动,你就会发现生活中会有越来越多的事情值得你去感激和珍惜。生活中我们不难发现,具备感恩意识的人会更有活力、更乐观,面对压力时也会更有拼搏与不放弃的精神。

感恩作为一种积极情绪在一定程度上扩展了认知的范围，使思维更加灵活并富于创造性，使人更容易应对压力和逆境，增强人的心理恢复能力，这些改善与提高，反过来也能使人们在未来有更多的积极情绪体验，这些不断形成的良性循环，会大大提高人们的幸福感。

感恩并不是纯粹的心理安慰，也不是对现实的逃避，更不是阿Q的精神胜利法。感恩，是一种歌唱生活的方式，它来自对生活的爱与希望。

心法秘籍

亲爱的孩子，一个智慧的人，不应该为自己没有的斤斤计较，也不应该一味索取和使自己的私欲膨胀。学会感恩，感谢生活所给予我们的一切。那么怎样才能使我们学会感恩呢？

● 一张满载感激和真诚的纸条

当我们收到别人热心的帮助或是关怀时，温暖的阳光洒满我们的心房。这时为什么不写一张小纸条或是发个 e-mail，将我们满满的感激和祝福写下，传达给那个播撒阳光雨露的人。

感谢你的

____

____

____

____

____

____

● 不求回报的小小善意

我们做的每一件事并不是都有特定的利益目的，不要为了私利去做好事，也不要因为善小而不为。留心观察一下周围的世界，有很多人需要我们的微薄之力。行动强于语言，不如多做一些不求回报的事来回报他人。

● 有时不幸也是一种恩赐

即使生活误解了你，使你遭遇挫折和打击，你也要心怀感激。父母的离开，使我们学会独立坚强，生活的贫瘠使我们学会奋斗，生病使我们学会满足，要知道，有时不幸的背后或许是一种恩赐。

● 感恩有很多方式，你喜欢哪一个？

感恩不一定是物质上的付出，有时候一句小小的问候，一个不经意的动作，都会让人感到你的诚意。

①陪父母好好地吃一顿饭，说一句：你们辛苦了。

②亲手做一张贺卡，写下自己最真诚的感激和祝福。

③在别人最需要安慰的时候，给他一个温暖的拥抱，一句真诚的安慰。

你还有哪些表达感恩的方式呢？在这里记录下来，然后用心去做吧！

____

____

____

● 感恩每一天

你不需要感谢某个特定的人，因为你可以感谢生活，感谢今天又是新的一天。我们应该好好珍惜，去扩展自己的内心，将自己对生活的热情传给他人。

心灵自助

生活中总是有形形色色的人出现，他们给我们爱，给我们温暖，也会给我们伤痛。但是无论是谁，无论是幸福或是不幸，我们都要感激这一切的出现，因为有了这些，才会有今天的我们：

感激伤害你的人，因为他磨炼了你的心志

感激欺骗你的人，因为他增进了你的智慧

感激中伤你的人，因为他砥砺了你的人格

感激鞭打你的人，因为他激发了你的斗志
感激遗弃你的人，因为他教导了你独立
感激绊倒你的人，因为他强调了你的双腿
感激斥责你的人，因为他提醒了你的缺点
感激蔑视你的人，因为他觉醒了你的自尊
感激帮助你的人，因为他教会了你感恩
感激你的师长，因为他教授了你知识
感激你的父母，因为他们给予了你生命
感激所有使你坚强的人

魔法心语

感谢爱你的人吧，正是他们的关心、鼓励和支持才让你感到了生活的温暖和充实；感谢讨厌甚至恨你的人吧，是他们让你的生活曲折多彩，让你面对挫折时变得更坚强。用一颗感恩的心去“打量”万物，那上面定有细微之处让你心怀感恩。

选择正能量的朋友

没有友情的人生是黯淡的，就像大地失去了太阳的照耀，没有了光辉；没有友情的人生是枯燥的，就像受了潮的火柴，任你怎样摩擦，也点燃不起生活的希望之火。一个人活在世上，如果没有了朋友的关怀，那他的生活就没有了欢笑；如果没有了友谊的支撑，就很难体验到人生的真正乐趣。珍惜身边给你正能量的朋友吧，让每一段珍贵的友谊天长地久。

成长烦恼

自开学以来，班主任徐老师的第二次调座位使刘琳和吕泓雪成了好朋友。

只因她们觉得喊对方的名字不太亲切，所以就给对方起了一个外号，吕泓雪小巧可爱，叫小宝；刘琳年龄大一些，叫大宝。她们两个总是形影不离，中午吃饭一块吃，下午放学一块走，就连早上上学也是一起的。女生的感情总是很奇妙的，感情到深处，总是恨不得穿同样的衣服，吃同一碗饭，就连走路也是手挽着手、肩并着肩。

自从和吕泓雪成为好朋友，刘琳觉得原本按部就班的生活突然变得多姿多彩起来：她学会了去网吧上网聊天打游戏，还学会了旷课出去玩。而且吕泓雪认识很多外面的朋友，大家在一起吃吃喝喝，真的很开心。

周末回家，刘琳接到了爸爸妈妈打来的电话，远在外地打工的父母突然提出让她再也不要跟吕泓雪一起玩了。

原来刘琳的表现让奶奶和老师都失望极了，奶奶说原本很乖巧很听话的刘琳，经常和吕泓雪一起玩之后好像变了样，不仅老是喜欢在外面玩，而且经常问奶奶要钱，还撒谎说学校要交钱；老师也说刘琳的学习成绩开始直线下降了，让父母劝她要学会交好的朋友。

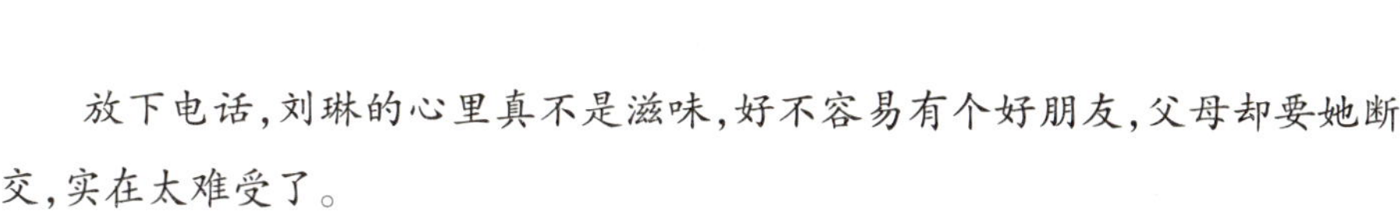
放下电话，刘琳的心里真不是滋味，好不容易有个好朋友，父母却要她断交，实在太难受了。

亲爱的孩子，为什么有了好朋友的刘琳突然间就变了样？是朋友的负面能量改变了她，让她在偏离正常生活的轨道上越走越远。所以，亲爱的孩子，选择拥有正能量、积极向上的朋友，与我们结伴前行吧。

亲爱的孩子，拥有友谊让我们的生活充满乐趣和光彩，失去友谊时我们总是会感到失落和痛苦。那么你可知道为什么我们都需要友谊的存在吗？

● **我们为什么需要友谊？**

人生活在这个世界上，会有许多种需要。心理学家告诉我们，每个人都需要友情来满足人的心理需要。如果一个人长期得不到友情，就无法从友情中体会交往的乐趣，情绪会变得孤僻，长期下去，会造成严重的心理问题。所以，获得友情不仅是满足人正常的心理需要，而且也能维护心理健康。

● **我们要如何面对友谊中的小插曲呢？**

无论是怎样牢不可破的友谊都会有摩擦有矛盾，如何去面对、如何去看待将直接关系到我们友谊的长久和真诚度。当被朋友伤害时，将这段不愉快写在会随风而去的沙子上，微风吹过，一切都将过去，不留任何痕迹。如果我们得到朋友的帮助和关心，就把这段温暖的记忆刻在内心的最深处，即使有狂风骤雨都不能抹灭它的存在。

朋友的相互伤害往往是无心的，帮助和关怀却是出于真心的，忘记那些无心的伤害，铭记那些对你的真心帮助，我们的友谊将会更加长久和牢固。

那么怎样才能使我们拥有更多正能量的好朋友呢？

心法秘籍

亲爱的孩子，生命里或许可以没有感动、没有胜利……没有其他的东西，但不能没有的是朋友。那么怎样才能使我们拥有长久的友谊呢？

● 正能量传递你我他

健康、积极、乐观的人总是充满了正能量，和这样的人交往相处，这种正能量也将会传递给你，那种快乐向上的感觉也会感染到你，让你觉得“活着是一件很值得、很舒服、很有趣的事情”。

● 朋友之间的交往，需要的是什么？

守信	真诚	宽容	尊重	热心	包容
赞扬	感恩	珍惜	倾听……		

这些你都具有了吗？如果还没有，就再多一些努力吧！

● **不要放大瑕疵**

没有一个人是完美的，总会有一些瑕疵，我们自己也是如此。所以我们要以包容的态度去与朋友交往，不要无限地放大他人的瑕疵，也不要期望按自己的想法去改造别人。但是我们可以选择合适的时机和方法去帮助他人克服缺点。

● **要让朋友保留“自我”**

世界上没有两片相同的叶子。尽管朋友跟你气质相仿、兴趣相近、性格相投，但人与人之间总会有些不同之处，不可强求朋友必须是你的“翻版”，要让朋友拥有自己的爱好、自己的个性。如果你主观武断、独断专行地要求朋友的爱好跟你一样，那么，朋友将会离你而去。

● **朋友也会有自己的隐私**

不要让朋友事事都向你坦白，似乎朋友有事不跟你通气，就是对你不忠，就不够朋友。你若如此专横，用如此理想化的标准去要求朋友，朋友也会对你怨而生恨的。

● 朋友之间也要学会说“不”

朋友之间常常有事相托相求，这是正常的。但如果有时朋友托你办的事超出了你的能力，甚至是违背你的主观意愿、违反道德法律等等，作为朋友，你应该果断地说一声“不”。放纵并不是你表达友谊的好方式。

心灵自助

怎样的友谊才是最珍贵的？怎样的友谊会感动我们的神经？给大家介绍一部温馨的友情喜剧——《三傻大闹宝莱坞》(3 idiots)，希望欣赏完这部电影会对你有所启示：

故事以两个好朋友在寻找消失多年不见的好兄弟兰彻的过程中展开回忆，讲述十年前兰彻顶替他人来到皇家工程学院的故事。这是一所印度传统的名校，这里检验学生的唯一标准只有第一(指成绩)！成绩不好就意味着没有未来！而兰彻却不愿意随波逐流，他用他的善良、开朗、幽默和智慧影响着周围的人。他用所学的物理知识来教训野蛮的学长，他用智慧打破了学院墨守成规的传统教育观念。最后他用智慧成为了印度科学界的一位天才科学家(具有400多项专利)，他实现了自己的梦想，也做回了真正的自己，还帮助两位朋友实现了自己的梦想。

精彩对白：

“你的朋友不及格，你感觉很糟；你的朋友考第一，你感觉更糟。”

“你们都陷入比赛中，就算你是第一，这种方式又有什么用？你的知识会增长吗？不会，增长的只有压力。这里不是大学，是高压锅……”

“心很脆弱，你得学会去哄他，不管遇到多大困难，告诉你的心‘一切顺利’。”

“知道我为什么第一名吗？因为我热爱机械，工程学就是我的兴趣所在。

知道你的兴趣吗？这就是你的兴趣……跟工程学说拜拜，跟摄影业结婚，发挥你的才能，想想迈克尔·杰克逊的爸爸硬逼他成为拳击手，拳王阿里的爸爸非要他去唱歌，想想后果多可怕？”

魔法心语

酒可以足，饭可以饱，金钱可以用完，而真诚的友谊却是一生一世享用不完的，友谊是人生的无价之宝。

留守路上的指明灯

当我们在学习上失败时，老师在鼓励：成功是从这里起步的；当我们悲伤时，老师在安慰：同学们振作起来呀！老师让我们学会如何面对困难，如何感受生活，如何珍惜幸福，如何自我发展。虽然我们只是一轮初升的太阳，但也要学着释放温暖，更要怀着对老师感恩的心去思考、行动，毕竟老师为我们付出的太多太多。

成长烦恼

初二的何军拿到了语文年级第5的好名次，放学的铃声敲响后，何军迅速地整理好书包，想赶紧回家，因为今天是远在外地打工的父母往家里打电话的日子，他要把这个好消息告诉父母，让父母开心一下。可是语文老师突然把他叫到了办公室。

"何军，你这次的成绩，是你第一次考入年级前5名，老师觉得你的潜力还没有发挥出来，好好努力，争取下次进入年级前3哦。"听到老师的夸奖和鼓励，何军心里像喝了蜜一样甜，是啊，能够得到老师的肯定是非常不容易的。

回家给父母通电话时，父母听到何军的成绩也很开心。何军突然之间有点飘飘然，他觉得语文这门课程对他来说实在是有点简单了，自己稍一努力竟然就拿到了年级前5，于是上课的时候要么和同学说笑，要么做点其他的事情，成绩开始有了下滑的趋势。

几周后，老师把何军叫到办公室："何军，你这是怎么了？前段时间老师才表扬了你，觉得你的语文成绩肯定还会有很大的飞跃，你是不是觉得自己都完全学懂了不用听课、不用努力了？"何军被这突如其来的话语弄得一头雾水，一时间不知道该如何回答，瞪着双眼怔怔地看着老师。

老师语重心长地拍了拍何军的脑袋，说道："孩子，记得伤仲永的故事吗？你很聪明，但是只有更扎实细致地掌握基础知识，才能做常胜将军。仅凭聪明而不脚踏实地，早晚会吃亏的。骄傲使人落后，老师相信你会很快调整好自己的状态的。”

老师诚恳的话语感动了何军，纵使语文优异的他也不知道该说什么好，眼泪在眼圈里打转，他极力地控制自己的情绪……

读心课堂

亲爱的孩子，我们的老师用火一般的情感温暖着我们每一个人的心房，无数颗心被老师牵引激荡，连老师的背影也凝聚着滚烫的目光……

● 为什么“坏孩子”变好了？

著名心理学教授罗森达尔曾经做过这样的实验。他把一份“调皮捣蛋学生名单”交给一位刚刚分配来的老师，并对这位老师说：“经过测试，这些学生很有发展潜力。”几个月后，罗森达尔再去该校了解情况，发现名单上学生的学习成绩比过去有了大幅提高。罗森达尔制造的“谎言”，使新老师在教学中格外关注名单中的那些学生，从而促使他们的学习有了明显进步。这种现象就是著名的“罗森达尔效应”。

为什么会这样呢？那是因为老师认定这些学生是聪明的，就会尊重、欣赏学生，让这些学生抛弃了畏首畏尾的自卑心理，看到希望、增强自信，从而激发他们的潜力。有时老师的一句积极肯定的话语往往会坚定我们为一项事业奋斗终生的信念，老师的一次偶然的提示有可能点亮了我们对某一领域兴趣的火花。

● 老师也会疲倦吗？

“春蚕到死丝方尽，蜡炬成灰泪始干。”这是人们对教师奉献精神的颂词，但换一个角度看，也是对教师心理倦怠状态的生动描述。当我们的老师产生心理倦怠时，会表现出身体能量被过度耗尽、持续的精力不济、疲劳等身体不适。有时表现为空虚感明显加强，感到自己的知识无法满足工作需要，或感

到情感资源极度干涸，工作满意度低，对工作的热忱与奉献减少，对学生缺乏同情感和支持，不能忍受学生在教室里的捣乱行为，甚至表现出焦虑、压抑、苦闷、厌倦、怨恨、无助等消极情绪，极端情况下甚至会打骂学生或孩子。这些都是我们的老师可能出现的问题，但归根到底还是因为老师为我们的学习和成长付出了太多。因此我们要学会尊重老师的付出和劳动，为我们老师的付出表达我们最真诚的关心和理解。

那么我们应该怎样尊重老师的付出呢？

心法秘籍

老师是我们人生的指路明灯，引导我们走向正确、成功的道路。那么我们要学会怎样尊重我们的老师呢？

● 养成良好的尊师行为习惯

见到老师主动问好，遇到老师时要使用礼貌用语向老师问好，这不但能增强你在老师心目中的地位，而且也体现了你个人的高尚品德。未经老师的允许不进入教师办公室，教师节给老师送上一句温馨的祝福，公交车上主动给老师让座。古语云：滴水之恩，当涌泉相报。

● 尊重老师的劳动

尊敬老师的劳动，首先表现在课堂上。纪律是课堂的保证，所以一定要保持好课堂纪律；认真听老师讲的内容，课后要做好笔记；时常复习学过的知识，积极完成老师布置的作业，让老师也有一种果实丰收的喜悦之情。

● 虚心接受老师的教育

成长道路上犯错误是不可避免的，但是当我们犯错时不能死要面子，不要明知道自己错了，受到批评，却死不认错，出口不逊，顶撞老师，要懂得知错就改，虚心接受老师的教育，获得老师和同学的原谅。

● 勤学好问，虚心求教

每个老师都喜欢肯动脑筋的学生，请教问题往往是师生交往的第一步，

勤学好问不仅直接使学习受益，还会增强、加深和老师的交流，无形中就缩短了师生间的距离。一般情况下，任课老师并没有多少时间和学生直接交往，常向老师请教学习上的问题，会加深师生之间的了解和感情。

● **正确对待老师的过失，委婉地向老师提意见**

没有缺点的人是不存在的。老师也不是完美的，他的观点有可能不正确，或误解了某个同学。当我们发现老师的不足时要持理解态度，向老师提意见时，语气要委婉，时机要适当。当我们的意见与老师不统一时，不要顶撞老师，更不要在课下散布对老师的不满情绪，发泄无理言辞。

心灵自助

每当走过老师的窗前你是否也看到过老师辛勤工作的身影？将这首歌《每当我走过老师窗前》送给大家：

静静的深夜群星在闪烁，
老师的房间彻夜明亮。
每当我轻轻走过您窗前，
明亮的灯光照耀我心房。
啊，每当想起您，
敬爱的好老师，
一阵阵暖流心中激荡。
培育新一代辛勤的园丁，
今天深夜啊灯光仍在亮。
呕心沥血您在写教材，
高大的身影映在您窗上。
啊，每当想起您，
敬爱的好老师，

一阵阵暖流心中激荡。
新长征路上老师立新功，
一群群接班人茁壮成长。
肩负祖国希望奔向四方，
您总是含泪深情凝望。
啊，每当想起您，
敬爱的好老师，
一阵阵暖流心中激荡。

——《每当我走过老师窗前》

魔法心语

老师——在我黑暗的人生道路上是您为我点燃了一盏最明亮的灯；
老师——在我迷茫的人生道路上是您做了我的引路人；
老师——在我跌跌碰碰的人生道路中是您为我指明了前进的方向；
老师——是您给了我一双强有力的翅膀，让我在知识的世界里徜徉！

集体就是我的家

“一个和尚挑水喝，两个和尚抬水喝，三个和尚没水喝。”“一只蚂蚁来搬米，搬来搬去搬不起，两只蚂蚁来搬米，身体晃来又晃去，三只蚂蚁来搬米，轻轻抬着进洞里。”两首童谣，叙述了两种截然不同的结果。亲爱的孩子，你可知道，没有合作的生活就像一盘散沙，乱作一团。为什么三个和尚没水喝，可“三只蚂蚁来搬米，轻轻抬着进洞里”？这就是团结合作的力量。

成长烦恼

德育课考试那天，老师悠闲地来到考场，对同学们说：“同学们，这次考试不发试卷，我只有一个任务，只要你们能在两个小时内完成，就算你们及格，全班同学六人一组。”然后老师每组发了15元钱，让他们去镇上买文具用品，并要求必须保证每个人都要买到一样的文具盒，不能有一个人没买到。

其中有一组从学校出来后，走到大街拐角处的一家文具店。琳琅满目的文具让他们看花了眼。他们上前询问价格情况，卖东西的阿姨告诉他们，每个文具盒最低也得3元。他们一合计，照这样的价格，六个人一共需要18元，可是现在手里只有15元，无法保证每人一份。于是，他们垂头丧气地出了文具店。最后他们又去了镇里其他的文具店询问了下，结果每一家都贵得让人咂舌，眼看着规定的时间就要到了，六个人很着急，可最后还是沮丧地回到学校。

回到学校，老师问明情况后摇了摇头，说：“真的对不起，这次考试，你们不合格。”

其中一个学生不服气地说：“15元钱怎么能保证六个人全都买到文具盒？整条街我们都找遍了，最便宜也要18块钱。”

老师笑了笑说：“我已经去过镇上的那家文具店了，如果五个或五个以上的人去买文具盒，店里就会免费加送一个。而你们是六个人，如果一起去买

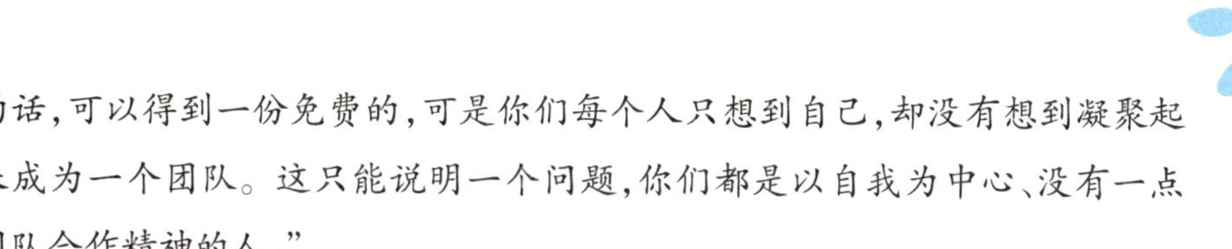

的话，可以得到一份免费的，可是你们每个人只想到自己，却没有想到凝聚起来成为一个团队。这只能说明一个问题，你们都是以自我为中心、没有一点团队合作精神的人。”

听闻此话，六名学生顿时哑口无言，对老师的敬佩之情也油然而生，虽然测验不合格，但是每个人都受益匪浅。

读心课堂

亲爱的孩子，单个的人是软弱无力的，就像漂流的鲁滨逊一样。只有同别人在一起，才能完成许多事业。那么合作究竟可以为我们带来什么呢？

● 合作可以带给我们什么？

心理学研究表明，每个人都害怕孤独和寂寞，希望自己归属于某一个或多个群体，如家庭，或其他某个团体，这样可以从中得到温暖，获得帮助和爱，不仅可以满足自身的尊重与爱的需要，也可以消除或减少自身的孤独和寂寞感，获得安全感。

不仅只有人懂得合作，在动物界也普遍存在合作互惠的行为。比如海葵虾和红海葵合作得很好。海葵虾的两只大螯各自夹着一只红海葵，整天东游西荡。一旦遇到危险，海葵虾立即提起红海葵，红海葵便用有毒的触手对付来犯者。这样，海葵虾就可以到处觅食，不必为安全担忧；而红海葵只要收集海葵虾吃剩的食物就足以饱腹了。

● 小蚂蚁与大黄蜂谁更有力量？

一个人的智慧和力量是有限的。但是，如果把个人的智慧和力量融入集体之中，学会与他人合作，就会变成取之不尽、用之不竭的集体智慧和力量，创造出非凡的成就。

有人曾做过这么一个实验：把七八只黄蜂同时关进一个密封的小木箱里，几天后打开木箱，发现木箱的四壁多出了七八个小洞，每个洞里各有一只死去的黄蜂，而这些小洞，最浅的也已经超过了木板厚度的一半。

有人发现过这样一个现象：当洪水冲垮了江堤，成千上万只蚂蚁密匝匝地抱在一起，组合成一个足球大小的蚁团，漂到岸边，它们奇迹般地战胜了洪流，逃过了一场劫难。

大黄蜂和小蚂蚁相比，要强大威猛得多，但为什么黄蜂最终全军覆没，蚂蚁却能死里逃生？原因就是，在大难临头的时候，黄蜂只会各自为政，一味地以个人的力量去与危险抗争，这样当然无法化险为夷。蚂蚁则正好相反，面对险境，它们立即汇合在一起，抱成一团，形成一个蚁球，利用集体的力量和智慧与惊涛骇浪搏斗，终于成功脱险。

那么我们该如何养成合作精神呢？

心法秘籍

亲爱的孩子，我们每天都生活在集体之中，都离不开与他人的接触与合作。那么我们又该如何学会合作呢？

● “1+1>2”

合作精神培养的关键是培养我们的合作意识，很多人没有认识到合作的重要性，受个人功利主义的影响，很多人宁愿自己一个人做事也不愿与人合作；另外，学生没有看到合作的优越性，他们简单地认为"1+1=2"，而在合作中恰恰是"1+1>2"。所以我们可以积极参加集体活动，如足球、篮球、排球、手抄报、春游，合作完成环保手工作品等合作性项目，这更容易使我们看到合作的巨大能量，从而自觉自愿地参与合作。

● 小游戏大智慧

可以和伙伴做一些合作性游戏，如“两人三腿”游戏，即用绳将一个人的左腿和另一个人的右腿绑在一起，让这两个人用“三”条腿走路，并尽量以最短的时间到达终点。这个游戏中，最重要的是两个人的默契与配合。被绑住腿的两个人为了共同的目标，要心往一处想，劲往一处使，互相协调，以一致的步伐前进。相信你会从中发现合作的真正奥妙。

除此之外，你还有哪些好的游戏？

____

____

● **尊重是前提**

在合作过程中，我们应学会尊重别人。尊重是一切活动进行的前提。认真倾听，尊重他人的意见，不要太直接地否定别人的意见看法。

● **学会分享**

在合作中分享很重要，把自己的劳动成果与大家分享，把自己好的学习方法、技巧等等与大家分享。这正如肖伯纳所说："倘若你有一个苹果，我也有一个苹果，我们彼此交换，那么你和我仍然各有一个苹果。但是，倘若你有一种思想，我也有一种思想，而我们彼此交流这些思想，那么我们每个人将各有两种思想。"

心灵自助

美味的汤

有一个装扮像魔术师的人来到一个村庄，他向迎面而来的妇人说："我有一颗汤石，如果将他放入烧开的水中，会立刻变出美味的汤来，我现在就煮给大家喝。"

这时，有人就找了一个大锅子，也有人提了一桶水，并且架上炉子和木材，就在广场煮了起来。

这个陌生人很小心地把汤石放入滚烫的锅中，然后用汤匙尝了一口，很兴奋地说："太美味了，如果再加入一点洋葱就更好了。"立刻有人冲回家拿了一堆洋葱。

陌生人又尝了一口："太棒了，如果再放些肉片就更香了。"又一个妇人快速回家端了一盘肉来。

"再有一些蔬菜就完美无缺了。"陌生人又建议道。在陌生人的指挥下，

有人拿了盐，有人拿了酱油，也有人捧了其他材料。

当大家一人一碗蹲在那里享用时，他们发现这真是天底下最美味的汤。

其实，那不过是陌生人在路边随手捡到的一颗石头。所以，只要我们愿意，每个人都可以煮出一锅如此美味的汤。当你贡献自己的一份力量时，互相合作，汤石就在每个人的心中。

一滴水只有放进大海里才永远不会干涸，一个人只有当他把自己和集体事业融合在一起的时候才能最有力量。

——雷锋

赠人玫瑰，手留余香

“助人”是源自内心、心甘情愿地去帮助别人，它就像是心中的田，种下一粒希望的种子，等到果实累累时，只要想吃的人一伸手，就可以得到圆润的果实。助人为乐是人生的一大美德。亲爱的孩子，当我们在帮助别人的同时，也帮助了自己，或者说从心理上充实了自己，使自己也得到了快乐。

成长烦恼

几年前，父母外出打工了，依晨就开始寄住在舅舅家，与表弟小伟住在一起。

那天，看到一则有关失学儿童的报道，依晨眼泪汪汪地建议道：“小伟，要不然我们一起拿出 20 元捐了吧！”话音刚落便遭到小伟的嘲笑，他还说出一番道理：“第一，拿着爸爸妈妈汗水换来的钱捐给别人，对不起爸爸妈妈；第二，僧多粥少，20 块钱对那些失学儿童来说就是杯水车薪；第三，捐钱给别人，我们会得到什么好处呢？”

依晨瞠目结舌，差点没晕过去：“好处？助人还要有什么好处！”

小伟反驳依晨说：“助人没有好处，我为什么还要助人，如果我拿着这 20 元，我可以做很多事情，能得到相应的回报。”

为证明自己的观点，他列了一张表，题目是“助人的支出”：

假设支出 20 元，这 20 元如果用于自我消费，等于一大堆零食，或者是一套精美的文具。

毫无疑问，对于小伟来说，他认为以上支出才是有价值的投入，而且其成效立竿见影。比如，20 元的零食可以吃好久，买套精美的文具可以在班里炫耀好久。这些“回报”近在咫尺，触手可及；至于远方的、看不见摸不着的一个小孩儿，于他又有什么意义呢？更何况这 20 元的捐款，既不能使自己青史

留名,也不意味着将来会有人登门报恩。

小伟说:“为什么一定要去献‘爱心’呢?我现在还是学生,还需要我父母养,我哪有能力去管别人呢?”

依晨怔怔地看着他,半晌,只一句:“你根本什么都不懂,你根本不知道那些孩子有多苦,父母不在身边,现在连学都没得上,如果有一天你也这样,没有人肯帮助你,你又会怎么想?”

亲爱的孩子,并非所有的人一生都会繁花似锦,若你的花园花开正艳,又何必惜得一枝半朵,送至它园增一丝春色呢?他日你的花园若不幸遭受风雨,别人也有力量让你重建花园。有爱的地方,便有满园花香。

读心课堂

亲爱的孩子,“赠人玫瑰,手有余香。”赠人一支玫瑰虽微不足道,但它带来的温馨会在赠花人和受花人的心底慢慢升腾、弥漫。

● 你可知道助人是一种天性?

很多人以为助人是后天习得的一种品质,但是,心理学家发现,18个月大的婴幼儿会自发地帮助陌生人。助人是人的一种天性。同时有心理学研究发现,相比较起来,在同等的条件下,女性比男性更容易受到别人的帮助,且那些与帮助者有相似背景的人,更容易受到帮助。助人,是一种婉转证明自己能力的行为,在帮助别人的过程中,不仅能够证明我们生命的价值,还能满足我们自尊的需要。

● 我们助人行为受哪些因素影响?

心理学上有这样一个有趣的实验,让一个女子分别扮演不同角色(包括美女,老妇人,乞丐,男子等角色)的人在高速公路上向路过的司机求助,看不同角色下司机给予帮助的概率。结果发现,当扮演一名美丽女子时,获得的帮助最多。这也就说明了助人为乐这种行为也会受到受助者的外貌和性别的影响。

当我们帮助别人时，我们的心境是怎样的呢？有的人纯粹是为了帮助别人，有的是为了名誉，有的是一时心情好，有的是因为别人都这样做了我不做岂不是很没面子……不管是什么原因，这都与周围的环境有关。如果接触的环境经常有人做类似的事情，那他会认为这样做是值得的；如果接触的环境没有这样做的，他也很难做出相应的行为。所以环境也会影响助人为乐的行为。

那么我们要怎样培养自己助人为乐的精神呢？

心法秘籍

“助人为乐”是中华民族的传统美德，也是我们在日常生活中所必须遵守的社会公德。我们要注意从身边的小事做起，从平时做起，从点点滴滴做起，把助人当成是一种习惯。

● 勿以善小而不为

小小的助人行动都会给人带来一片温暖。不妨可以从这些小事做起，慢慢改变我们的习惯吧！

①公交车上主动让座位给老弱病残。

②下雪天把门口的雪扫干净，免得老人和小孩子滑倒。

③别人的东西掉了，帮忙拾起来。

④爷爷或奶奶生病卧床，给他们递水、送药。

我们还可以做些什么呢？

____

____

● 该出手时就出手

在日常生活中，当我们的同学、朋友、亲戚等遇到困难时，我们就应该伸出援助之手，该出手时就出手，尽自己的全力，帮助同学、朋友、亲戚解除或减轻困难。

● 提高自己的助人能力

当我们身无技能，就算碰到别人需要帮忙的时候，我们纵有帮人之心也无帮人之力，只能空留遗憾了。古人常说“穷则独善其身，达则兼济天下”，所以说，为了更好地实施助人为乐的行为，我们平时应多注重加强自己的修养以及增加自己的技能。

● 从关心他人入手

现在的孩子往往不知道关心别人，也不懂得如何关心别人。生活中，我们总会遇到朋友或同学生病了，那么我们是否可以去询问一下他的病情，帮他倒杯水拿点药或陪他去输液呢？在家中，爷爷下地回来，我们是不是可以去问问爷爷累不累，给他打盆洗脸水，递个毛巾，冲杯热茶呢？要知道，助人是从关心与呵护开始的。

● 培养同情心

有了真诚的关心，我们才会更加愿意伸出双手。当我们看到老爷爷弯腰捡东西是那么吃力时，我们是否会萌生一些同情呢？我们是否会赶快跑过去帮他把东西拾起来并帮他送到目的地呢？

心灵自助

当我睁开双眼每一天，都会记得大家的笑脸
明白心中勇敢又多了一点，曾经哭泣也会看不见
未来总会有别的喜悦，就让时间翻开崭新的一页
你的音符你的脸，有种无声的语言

教我不退缩要坚持着信念，用音符画一个圈

经过都会被纪念，我想爱永远会留在你心间

每个人都拥有一个梦，即使彼此不相同

能够与你分享，无论失败成功都会感动

爱因为在心中，平凡而不平庸

世界就像迷宫，却又让我们此刻相逢 our home

伤心时你会给我笑脸，让我感受友爱的原点

快乐地过有风有雨的岁月，失望和伤心在所难免、

都会经历漫长的严寒，让这一切在我们心中沉淀

用旋律写张信签，放入你的心里面

手牵手记录我们爱的和弦，用音符画一个圈

经过都会被纪念，我想爱永远会留在你心间

——《爱因为在心中》

亲爱的孩子：爱，因为在我们每一个人心中，所以我们才能够伸出助人之手，才能让这个世界更加温暖，更加绚烂。让我们一起努力，要知道，予人玫瑰，手留余香。

魔法心语

这是心的呼唤，这是爱的奉献，这是人间的春风，这是生命的源泉。再没有心的沙漠，再没有爱的荒原，死神也望而却步，幸福之花处处开遍。只要人人都献出一点爱，世界将变成美好的人间。

——《爱的奉献》

第四篇　留守从点滴小事做起

不记得从什么时候开始，爸爸妈妈就离开了家，留下了年幼的我们，谁来教会我们要如何成长？可是，亲爱的孩子，没有父母的教导并不是我们放纵的借口。“勿以善小而不为，勿以恶小而为之”，小小习惯或许会改变我们的一生，文明是风，它可以吹拂每一个孩子的心；礼仪是花，它能将我们的生活装扮得更加绚丽多姿。现在的我们正处于人生中成长的关键期，此时的行为将影响到我们一生的发展。而良好的习惯和文明的言行不但能帮助我们提高自身的综合素质，同时也能完善自身的道德水平。从点滴做起，做一个讲文明懂礼貌的好孩子！

人无礼则不立

礼貌是一面镜子，它能折射出一个人的良好品德和修养。亲爱的孩子，你可知道，礼貌待人，即使是误解你的人，也会愿意倾听你的解释，敞开心扉，使得云开见月明，相逢一笑泯恩仇；礼貌待人，即使那个人是你的竞争对手，也会愿意与你并肩作战，携手共进。礼貌待人，拉近你我之间心的距离，让心与心碰撞出希望与美好的火花。

成长烦恼

今年夏天我们班转进一位新生，名叫吴家鹏。他一上台做自我介绍时立马气压全场：个高，眼睛炯炯有神，说话时抑扬顿挫，像个训练有素的演讲家，说到高兴处微微一笑，着实让人喜欢。

很快他就和同学们打成一片。可是好景不长，吴家鹏渐渐露出了他的真面目：调皮，不讲礼貌，骂人打架，盛气凌人，却又偏偏成绩优秀，让老师们束手无策。

课间休息的时候，吴家鹏和班级里几个调皮的学生在教室里追逐打闹，奔跑过程中，将李云的书撞到了地上，可是他并没有捡起来甚至道歉，只是看了一眼，就大步踩过去继续闹腾，雪白的书页上顿时出现黑黑的鞋印。生性胆小的李云委屈地哭着弯下腰想将书捡起来，可副班长杨丽硬生生地将她拦住了，她大步走到吴家鹏面前，指着摊在地上的书，对他说道：“请你把书捡起来并向李云道歉！”吴家鹏撇了下嘴，嗤笑道：“你以为你是谁啊？就算是班主任来我都不会向她道歉，何况你只是一个小小的副班长！”说完，用力将杨丽推开继续玩闹。

这一幕完整地映入班主任眼中，他头痛地按了按太阳穴，缓慢地朝办公室走去。他一直都没有找到合适的方式和吴家鹏沟通，太过严厉有可能会让

他变本加厉，可和颜悦色也没有什么用。就在他为如何管教吴家鹏犯愁时，事情出现了转机。

学校策划举办一场文明月晚会，班主任灵机一动，力排众议，让吴家鹏做主角，出演一个由不懂礼貌的孩子变成了一个品学兼优的学生的角色。虽然吴家鹏抱着玩闹的心态去表演，可当他站在舞台上，说出那些台词时，想到了自己平日的举止，脸瞬间开始泛红，尤其在小品谢幕时观众们如雷般的掌声更是让他觉得无地自容，他开始深深地自责。

演出结束后，老师摸着吴家鹏的脑袋说："小品演出很成功，同学们都很喜欢。老师希望你能像小品演的那样，做一个讲文明懂礼貌的好孩子，好不好？"

吴家鹏用力地点了点头，漂亮的双眼泛起泪花，内心充满了感激之情。

孩子们，在人生道路上，我们每个人都会犯错，但在意识到错误的同时，我们一定要及时改正，努力让自己变得更加优秀。

读心课堂

亲爱的孩子，一个有礼貌的人至少应该做到哪些小事呢？礼貌又会使你的生活发生怎样的变化？

● **文明礼貌的具体表现有哪些？**

尊敬师长，尊老爱幼，同学之间互相尊重，团结互助；

使用礼貌用语；见面行礼或主动问好；

待客热情；体贴帮助父母长辈。

● **礼貌会使你的生活发生怎样的变化呢？**

心理学家认为：当一个人的基本礼貌存在问题时，立刻会引起别人的敏感，甚至产生各种误会，造成社交上的障碍。礼貌是最高贵的心灵沟通。它不仅能帮助你提升你的社交能力，找到知心朋友，甚至还能帮助你提高自信心、得到幸福。你是否也曾经注意到，有礼貌的孩子，总是让人感到温暖和愉悦；而没有礼貌的孩子，总是让人少了些愉快或是赞许，甚至会激起敌视或不满。

有一个有趣的心理学实验，是让甲、乙分别去和丙见一次面。甲见到丙，就开始埋头聊了一些不清不楚的话题，丙无从回应。五分钟还未到，甲就提前离开了。乙见到丙，看着对方，先称呼了“您好”，然后谈了自己目前的情况和心里话。实验结束，丙就邀乙一起出去聊天。

为什么会出现这种结果呢？原因是甲在礼貌上出了问题，他在交谈时不注意观察对方，自顾自讲一些含糊不清的话题，听者呆若木鸡，交朋友无从谈起。而乙却不一样，乙的礼貌赢得了丙的热情。

可见，彬彬有礼是你建立友谊的必备条件，同样，它也会使你给别人留下很好的第一印象。礼貌是你成长中的一节必修课，它会帮你收获良好的人际关系和社会评价。

心法秘籍

亲爱的孩子，礼貌是个很微妙的东西，它使有礼貌的人喜悦，也使那些接受以礼貌相待的人们喜悦。那么要如何才能成为一个懂礼貌的好孩子呢？心理学博士告诉我们，可以从以下几点开始做起哦！

● 从点滴做起，养成好习惯

我们可以尝试这样做哦！

1. 无论你在哪，见到老师、长辈时都会去主动问好，并且热情待客；

2. 做到尊老爱幼，无论在什么地方，都会主动给老人、幼儿、病人、残疾人、怀孕妈妈及师长让路让座，也不争抢座位；

3. 用心体贴帮助父母长辈，在允许的情况下，主动承担一些力所能及的家务劳动，主动关心照顾兄弟姐妹。

● 真诚以对，摒弃小恶习

生活中与朋友同学相处时你会存在以下小恶习吗？

①以大欺小，欺侮弱小同学。（ × ）

②戏弄他人，取笑他人缺陷，随便给别人起绰号。（ × ）

③随便打断别人的谈话，打扰他人休息和学习。（ × ）

④未经允许随意进出他人房间，随意动用他人的私人物品。（ × ）

你认为礼仪上的小恶习还有哪些？

____

____

如果你也有这些小恶习，就抓紧时间及时摒弃它们吧！

● 选择良好的榜样

个体的行为习惯大多是通过对周围的模仿习得的，因此在日常行为习惯方面，要增强识别意识，识别榜样的正确恰当的行为，不要盲目地模仿，选择良好的榜样行为进行学习。

在你的周围，还有哪些行为是值得你学习的呢？把它们统统记录下来，然后去认真实践吧！

____

____

____

● 培养正确的礼貌观念

改变自己过去那种过分娇惯的做法，对自己的言行加以约束，培养自身的责任感，使自己学会体谅和帮助他人，为邻居或父母长辈做些力所能及的事，学会分享。

● 与同伴一起相互监督

在生活和学习中，我们可以和同伴一起，相互监督，相互帮助，共同进步。

心灵自助

有一家外资企业招工，对学历、外语、身高、相貌的要求都很高，当然薪酬也非常高，所以有很多高素质的年轻人都来应聘。这些年轻人过五关斩六将，终于到了最后一关：总经理面试。

马上开始面试了，总经理说："很抱歉，年轻人，我有点急事，要出去 10 分钟，你们能不能等我？"年轻人说："没问题，您去吧，我们等您。"

老板走了，年轻人一个个踌躇满志，得意非凡。等了几分钟后就坐不住了，有的跑到老板的大写字台前参观，有的翻翻老板书架上的书……

10 分钟后，总经理回来了，说："面试已经结束。"

"没有啊！我们还在等您啊。"

老板说："我不在的这一段时间，你们的表现就是面试。很遗憾，你们没有一个人被录取。因为，本公司从来不录取那些乱翻别人东西的人。"

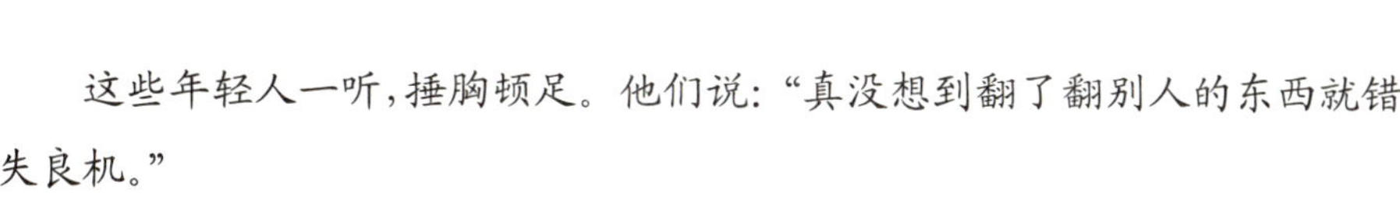

这些年轻人一听，捶胸顿足。他们说：“真没想到翻了翻别人的东西就错失良机。”

亲爱的孩子，这个案例给了你什么启示？点滴小事折射出的是一个人的素养和品质，千万不要因为这些小的行为习惯而失去你成功的机会哦。

魔法心语

礼貌是最容易做到的事情，也是最容易忽视的事情，但它却也是最珍贵的事情。

仪表是一个人的气质

仪表是一个人外在气质的显著特征，讲究仪表是一个人内在素质的基本体现，反映了一个人的自尊自爱，是个人精神面貌的外观体现。同时，也是与人交往的礼节要求，体现了对别人的尊重和礼貌。亲爱的孩子，作为社会人的我们是不可能离群索居的，如果我们想要在社会上生存，就必须获得他人的认同、帮助。所有的成功者，无一例外地都对自己的仪表有着独到的见地，并以自己的仪表给他人留下非同寻常的“第一印象”。

成长烦恼

二蛋和丫丫都是学校里的名人，因为他们俩不仅成绩好，而且口才了得，在上次的全校演讲比赛中不分伯仲，并列第一名。学校要选一名学生代表学校参加市里的演讲比赛，大家都看好二蛋，毕竟他说起话来更有气势啊！

因此，许多同学不仅祝贺在先，还托他从市里带些镇上买不到的东西回来。二蛋呢？也非常有把握，嘿嘿，谁让他拿到了学校的冠军呢。同学们的请求，他都一一爽快地答应了。

就在二蛋踌躇满志的时候，代表学校演讲的名单公布了，看着红色榜纸上大大的名字：丫丫。二蛋傻眼了，泪水在眼眶里打转，伤心、委屈、羞愧……一股脑儿涌了上来，他甚至忘了平时最害怕校长，一路小跑着来到了校长办公室。

“校长，为啥让丫丫去市里，不让我去，我得的是冠军啊！”

“二蛋同学，你的演讲确实很棒，可是，我们选出的学生是代表学校的门面啊！孩子，你看看你的头发、指甲、脚丫子，虽然父母不在身边，但是基本的个人卫生你还是要注意啊！”

二蛋低下头，看见自己又脏又长的手指甲、脚上脏兮兮的拖鞋，鼻子酸酸的。他听见心里有一个声音在低低吟唱："没妈的孩子像根草，离开妈妈的怀抱，幸福哪里找……"

亲爱的孩子，你感受到二蛋的失落了吗？你是否觉得这样更自然，更天然呢？仪容仪表是我们的门面，而这个门面反映的不仅是你个人的外表，它还会告诉别人你的内涵和气质。

读心课堂

亲爱的孩子，良好的仪表就像是一面镜子，折射出我们的个人修养，那么仪表的背后又蕴含着怎样的特殊意义呢？怎样的仪表修饰才称得上是恰当得体呢？

● 仪表的神秘色彩有哪些？

心理学家指出，在现实生活中，仪表，尤其是服装和表情，不仅对我们的意识形态有着影响作用，而且对我们的性格及心理状况也有很明显的影响。比如，蓝色的衣服能对人起到一个平静心理的作用，能有效地削弱烦乱的情绪；红色的衣服能煽动人的热烈情绪；黄色衣服显得高贵有气质；黑色衣服则显庄重……

研究人员还通过实验证明，穿着打扮不同的人，寻求路人帮助的结果也不一样，那些仪表堂堂、有吸引力的人要比不修边幅的人有更多的成功可能。因为仪表是一个人诚心、自信的直接表现。

如果你为了自己的所谓个性而疏于对自己仪表的重视，那么你的努力将很难被人们所接受，因为人们仅从你的仪表上便会对你产生排斥感。这就是心理学上著名的"仪表效应"。

● 成功的仪表修饰有哪些具体的原则呢？

a. 适体性原则：即与自身的性别、年龄、容貌、肤色、身材、体型、个性、气质及职业身份等相适宜和相协调。

b. 适宜性原则：即要求仪表修饰因时间、地点、场合的变化而相应变化，使仪表与时间、环境氛围、特定场合相协调。

c. 整体性原则：要求仪表修饰先着眼于人的整体，再考虑各个局部的修饰。

d. 适度性原则：应把握分寸，自然适度。

心法秘籍

仪表，是一个人的精神面貌和内在气质的外在体现，是一个人的“门面”、是一个人的内心素质、内在修养的显露。那么我们应该怎样注重自身的仪表呢？心理学博士来支招：

● **观念要矫正**

任何行为都必须保证有正确的观念作为基础，在行动之前，首先检验一下我们的仪表观念，然后努力去矫正吧！

①不修边幅就是一种另类的美，是一种个性。（ × ）

②有名的艺术家都是不修边幅的，只有这样才能成功。（ × ）

③只要我舒服，怎么穿怎么打扮是我的自由，没人会在意。（ × ）

④追求时尚才是仪表真正需要的。（ × ）

⑤为了青春美，必须要化妆穿名牌。（ × ）

你身边还有哪些错误的仪表观念呢？列举出来，时刻督促自己吧！

____

____

____

● **仪表大挑战**

作为学生的我们，应该遵守最基本的仪表准则。下面就检验一下我们的仪表是否符合基本要求吧！

整齐清洁，自然，大方得体，精神奕奕，充满活力。 穿戴整洁、朴素大方，不烫发，不染发，不化妆，不佩戴首饰（手表除外）。 男生不留长发，女生不穿高跟鞋。

●行动要落实

既然我们已经了解了关于仪表的正确观念和标准了，那么还等什么，开始行动吧！

干净、整洁、卫生——做到身上无异味、无异物，要坚持洗澡洗脸洗手，洗衣服，修剪指甲，头发整齐。

简约——不搞烦琐，要简练、穿着朴素，不过度打扮。

端庄大方——端正，不花哨、轻浮、怪异，不过分随意穿着，邋里邋遢。

心灵自助

亲爱的孩子，仪表效应的正面影响不仅可以提升我们的个人涵养，还可以增进相互之间的了解，下面给大家提供五条仪表小秘诀：

1. 穿着打扮

穿着打扮是我们“自我形象”的延伸。同样的一个人，穿着打扮不同，给人留下的印象也就完全不同，产生的心理影响也就不同。要怎样才算是恰当的穿着呢？可以参照上面提到的成功仪表修饰四原则哦！

2. 微笑

微笑源自于快乐但也可以创造快乐。在与人交往过程中，笑一笑，彼此便会从微笑中获得这样的信息：我们可以做朋友！所以，请时时刻刻都把微笑挂在脸上吧！

3. 声调

恰当、自然的声调，是与人交往的基础。一般情况下，柔和时声调表示坦率和友善，激动时声调则会有所上升，表示同情时声调则略为低沉。

4. 姿态

人的心理活动、思想感情会从我们的姿态中反映出来，如果我们想给对方留下一个良好的第一印象，不妨这样做：身体略微倾向于对方，表示我们热情和对对方所谈话题感兴趣；微微起身，表示我们谦恭有礼。

5. 目光

“眼睛是心灵的窗户”。在非语言的交流过程中，眼睛是最能表达我们的思想感情的媒介，反映我们的心理变化。那么，在与人交谈时，我们应尽量将视线停留在对方脸上并在以双眼为上线、以嘴为下线的三角形区域内。

你如果认为自己的不修边幅就是一种美的话，那么你的“美”在今天以及未来的时代里将会成为一种被淘汰的“美”。从现在开始好好地收拾一下你的头脸，修饰一下你的衣着，展示你整洁的仪容仪表吧！

有一种品质叫文明

文明是一种品质，展示人的高尚；文明是一种修养，显现社会的理性；文明是一缕阳光，照遍生活的角落；文明是一场春雨，滋润万物大地；文明是一股春风，吹暖人们的心田。亲爱的孩子，如果一个人懂得文明礼仪必将得到他人的赞许和祝福，即使我们不怎么出众，但是我们的风范，足以让人记住我们的名字，记住我们这个人。人生的价值不在于有多富贵，但如果我们失去了文明，我们就会彻彻底底的失败，因为我们失去的是做人的真谛和根基。

成长烦恼

今年父母把二蛋接到城里过暑假，二蛋欣喜若狂。周末爸爸说要带他去动物园玩，还说要给他准备一大包美味的零食，他巴不得立刻出发。第二天二蛋比以往起得都早，兴高采烈地和爸爸一起去动物园。

动物园里的动物可真多呀，调皮的猴子、可爱的熊猫、威武的狮子……二蛋看得眼花缭乱，走得精疲力竭。爸爸去给二蛋买水了，饥肠辘辘的二蛋看到一片绿油油的草地，一屁股坐了下来，打开背包，把零食哗地倒了一地，像在老家一样，一边吃一边扔，吃完的瓜子皮、水果皮、包装袋随手都扔在了干净的草地上，风一吹，垃圾刮得到处都是。

爸爸买水过来，看到很多家长都在指指点点，原来都在教育孩子可不能向草地上那个孩子学习。看见二蛋的行为，爸爸顿时恼羞成怒，扬起手狠狠地打了他一巴掌教育了一通。

看到二蛋已经认识到自己的错误后，爸爸把小声啜泣的孩子紧紧抱在怀里："二蛋，是爸爸不好，爸爸一定多赚些钱，早日把你接来。"

二蛋窝在爸爸的怀里小声说："爸，我再也不任性了，我知道这样不好，只是在农村我已经习惯这样做了。"

亲爱的孩子，你是否也是这样，明知不对却依然我行我素。其实那些没能照顾到你们的父母，他们多么希望自己远在天边的孩子能够约束自我，做个讲文明懂礼貌的孩子呀！

读心课堂

亲爱的孩子，文明礼仪是我们学习、生活的根基，是健康成长的臂膀。那么，一个不讲文明的人会给我们留下怎样的印象呢？

● 你给他人留下的第一印象是什么？

第一次见面，你给他人留下的第一印象是什么样子的呢？是依着自己的兴致，随地吐痰、吐口香糖、踩踏草坪、满口脏话呢？还是具有文明修养的好学生呢？众所周知，第一印象作用最强，持续的时间也长，比以后得到的信息对于事物整个印象产生的作用更强，这种最初接触到的信息所形成的印象对我们以后的行为活动和评价的影响的现象，在心理学上称为“第一印象效应”。可想而知，如果我们给别人留下了不讲文明的第一印象，相信在以后的交往中，很难改变别人对我们的看法。

● 文明究竟离我们有多远？

同学们，当我们开心地折下一朵娇美的鲜花时，你没有听见花儿在低声抽泣吗？当我们潇洒地把垃圾丢进小河时，你没有看见鱼儿在伤心流泪吗？当他人急需救助而我们却无动于衷、置若罔闻时，我们的良心还会安宁吗？一个人美好的形象，是靠自己的文明行为塑造出来的。有时文明距离我们只不过是一张纸的厚度，就像当我们站在木凳上摘下挂在树上的气球时，垫上一张纸，下一个坐凳子的人便多了一份洁净；有时文明距离我们只是几十厘米的长度，就像盲人在行走时，我们悄然将前方的障碍物清除；更多的时候文明就是我们多做一点点举手之劳，或许就会改变一切。有时多一个关怀的手势，对别人来说就是一种关爱；有时多一分耐心的等待，对别人来说就是一种关怀；有时多一点分享，对别人来说就是一种呵护。

文明就是如此简单，文明近在咫尺。随手擦去一块污渍，捡起一个瓶子，说一句“你请”，这样不仅能让世间更美好洁净，更会纯洁我们的精神，净化我们的灵魂。

文明是一种信念，让文明的气息洋溢生活的每一个角落。那么我们怎样才能成为一个讲文明的好孩子呢？心理学博士来教我们怎么做：

● 勿以恶小而为之

①吃饭时乱敲碗筷，盘中乱挑乱拣。(×)

②随处抛丢垃圾、废弃物，随地吐痰、擤鼻涕、吐口香糖，污染公共环境。(×)

③坐公交车时争抢拥挤、插队加塞，不谦让老幼病残孕。(×)

④乱刻乱划，踩踏禁行绿地，攀爬摘折花木。(×)

⑤说话脏字连篇，举止粗鲁专横。(×)

● 文明就在身边

文明并不遥远，并不艰难，它就在你身边，只是你是否愿意伸出自己的双手呢？

①饭桌不是音乐厅

②校园、道路不是垃圾场

③课桌椅、学校墙壁不是我们的画板

④花儿也有生命，小草也会疼

⑤脏话、粗鲁并不会使你变得潇洒、有个性

● 一句话，温暖你我他

他人帮助我们时，真诚地说声“谢谢”；有人对我们说“对不起”时，微笑着说声“没关系”；遇到长辈、老师时，真挚地说声“您好”；踩到别人的脚或撞到别人时，礼貌地说声“对不起”。一句话，或许就可以化解矛盾，一句话，或许就可以温暖你我他！

● 微笑 Style

与家人之间，每天彼此微笑相迎，那种感觉一定很温馨。与邻居之间，彼此微笑相迎，有什么难事，去分担一点，给予一些力所能及的帮助，那种感觉一定很美好。与朋友同学之间，彼此微笑相迎，有什么事，去安慰一下，有时只是需要我们的一个眼神、一个肩膀，那种感觉一定很阳光。

● 有时只要转换一下思想

当我们挤到、踩到别人的时候从不屑于说“对不起”；当我们被人挤到或踩到的时候，总是对对方不说声抱歉的话而耿耿于怀，甚至拳脚相加。当你作为子女的时候，总是不愿意耐心地和父母交流，总是大方地花着父母的血汗钱，总是大声地把父母的问话送上天，对于父母的生日，天才晓得；如果我们是父母呢？有时只需转换一下思想，或许就会有不同的结果。

心灵自助

讲文明的列宁

有一次，列宁下班之后，正下楼回家，在楼梯狭窄的过道上，正巧碰见一个女工端着一大盆水，摇摇欲坠地上楼。列宁便微笑着跟女工打招呼“你好，辛苦了。”

那女工一看是列宁，就要给列宁让路，端着满满的水盆准备自己退回去。

列宁见状，立即阻止她说：“不必这样，你端着东西走了半截，而我现在空着手，理应你先过去，请你先过去吧！”他把“请”字说得很响亮，很亲切。然后微笑着自己紧靠着墙，先让女工上了楼，他才开心地下了楼。

列宁毫无疑问是一位伟人，但他却不因自己地位的高贵而无礼，即使面对工人也会文明地让出道路，文明地打招呼，这才显出了他伟大的品质。

其实，文明就这么简单，但真正做到的又有多少呢？文明如彩绸，我们共同剪裁，缝制成一件件绚丽的衣衫；文明如油彩，我们共同调色，描绘出一片片美妙的景色。让我们共同努力，让文明的阳光，照耀你我，照耀整个大地，温暖而美好。

魔法心语

鸟儿因翅膀而自由翱翔，鲜花因芬芳而灿烂鲜艳，我们的生活也会因文明而更加美丽，微笑是我们的标准，文明礼貌是我们的信念，让文明的气息洋溢生活的每一个角落，让我们的梦想在文明礼仪的旋律中飞得更高更远。

尊重他人就是尊重自己

尊重是一缕春风，给寒冷的人带来温暖的气息；尊重是一泓清泉，给口渴的人带来清凉和希望；尊重是一颗给人温暖的舒心丸，是一剂催人奋进的强心剂，给失意的人们带来激励。亲爱的孩子，尊重是我们人类共处的金钥匙，有了彼此的尊重，生活才会更美好。要知道：尊重他人也就是尊重我们自己哦。

一天中午，我完成作业后闲得无聊，一抬头看见坐在我前排那憨憨的二蛋，正认真埋头写作业呢。突然间一个“邪恶”的整蛊计划在我脑中酝酿成功，我自己想了下，都忍不住笑出声来。

一不做二不休，我找来一张纸，画了一只乌龟，附上一句话：“我是奇丑无比的千年王八龟！”在纸条反面贴上双面胶后，我假装拍拍二蛋的背，耶，那张纸不偏不倚正好贴在二蛋的背中央！

二蛋转过头来问：“有事吗？”我故作镇定地说：“你的削笔机借我用一下好吗？”“把笔拿来，我帮你削得了！”他放下手中的作业，三下两下就把我的笔削好了。

邻组的丫丫也在低头写作业，我就屁颠屁颠地走过去拍拍她的肩膀说：“看，二蛋背上，那是我的杰作！”我本以为她也会哈哈大笑，没想到她见了后，轻蔑地瞥了我一眼，说：“把自己的快乐建立在别人的难堪上，你觉得很好笑吗？”我不以为然地说：“切，不过是开个玩笑罢了，你那么认真干吗？”可她竟然对我大吼：“尊重是相互的！不尊重别人的人，也不值得别人尊重！人家二蛋安安静静地做作业，又没惹你！你无聊就算了，还很得意地在我面前炫耀！小心以后别人也这样对你。”

她的每句话，都犹如利剑般，直戳我心。是啊，一个不尊重别人的人，也

不配得到别人的尊重。况且，善良的二蛋还主动帮我削铅笔，相比之下我真是无地自容。于是，我撕下二蛋背上的纸，并向他赔礼道歉。二蛋却摇摇头说："开玩笑的，没什么。"他的宽容不仅让我难堪，更让我感动。

亲爱的孩子，尊重是相互的，这个道理你是否也懂了呢？

读心课堂

亲爱的孩子，生活中时时刻刻都需要我们学会尊重。对同学最起码的尊重，是纯真友谊的基础，同样我们是否也需要别人的尊重呢？没有了尊重我们的生活又会怎样呢？

● 尊重是生活的必需品吗？

心理学家马斯洛将人的需求划分为五个层次，由低到高，依次为生理需要、安全需要、归属和爱的需要、尊重的需要以及自我实现需要。尊重需要属于较高层次的需求，表明每个人都有追求完美、受人尊重和得到信任的需要。

心理学上认为，心理健康的人自尊感往往都比较高，认为自己是一个有价值的人，并感到自己值得别人尊重，也较能够接受个人不足之处。当然，形成自尊感的要素是要有安全感、个人感、归属感、使命感、成功感，这些因素都是与个体的外在环境有关的，也是我们由肯定的自我评价引起的自爱、自重、自信及期望受到他人、集体、社会尊重与爱护的心理。所以当我们被惩罚时，总是会有一种自尊受损的心理压力，就会出现摆脱惩罚，对抗惩罚的行为。

● 你对他人的尊重会得到什么？

心理学家认为，受到尊重的人大多乐于与他人合作，待人礼貌、友善、自信心强，进入社会后更具竞争力。常言道：送花的人周围都是鲜花，种刺的人身边都是荆棘。可见，尊重与被尊重是一枚硬币的两面，尊重你周围的所有人，你才会赢得所有人的尊重。

从现在开始，随时随地，做一个尊重他人的文明小标兵吧！

心法秘籍

尊重别人是一种美德，受人尊重更是一种幸福。那么，生活中应该如何做到尊重别人呢？下面心理学博士会告诉我们如何做：

● 多一些礼貌用语

生活中，许多看似简单普通的用语也可以是我们在学习尊重他人的过程中的有效催化剂哦！现在开始，当与人碰面时，多尝试一下下面的用语吧！然后观察一下会出现什么不同的效果呢。

“请问您是否愿意……”

“您是否介意……”

“是否可以请您……”

“对不起，麻烦您了，我更喜欢……”

● 软化玫瑰花的刺，温和批评

每个人都喜欢玫瑰娇艳的花朵却不喜欢它的刺，可你是否注意到，对他人的肆意批评就像玫瑰的刺，刺伤了别人的自尊心。漫天的批评并不能有效解决问题，反而会招致他人的反抗或是不满。因此，我们不妨尝试站在他人的角度上体谅他人的心情，用温和的话语沟通，或许会有另一番景象哦！

● 不要命令他人

不要动不动就去命令他人，少一些“×××，给我拿××过来！”的命令。也不要对别人的事指手画脚，告诉对方“你这样不对，应该××××做才对！”每个人都想时刻显示自己的优越，喜欢命令指导别人，但这只会使对方更为反感。为何不这样说呢？

“你可以考虑一下这个……”或“你认为这样如何？”

即要做到尊重他人又要可以表达我们的建议，你觉得还可以怎样表达呢？

____

____

● 及时称赞他人的进步

每个人都有被人尊重的需要，需要他人的认可和赞赏，因此不要吝啬我们由衷的赞美，即使是微小的进步也要及时给予他人赞美和认同，“你真棒！”“你做得真好！”或许就是这一点点的赞赏，这一点点的激励就会成为他人人生的转折点哦！

心灵自助

每个生命都是平等的，尊重他人就是尊重自己，懂得尊重才有朋友，懂得欣赏才能产生奇迹。

火焰山是太阳的罗裙
露珠是月亮的花瓣
一只早起的鸟儿
用一声娇啼啄破了黎明的蛋壳
绿水嫁给了青山
春天是个娇媚的孕妇
脱胎而出的
必然是一个青汪汪的夏天
在这样的春天早晨里
我发现一草一木都是我的兄弟姐妹
并且意识到谁能尊重一棵小草
谁就能成为一棵大树

——《学会尊重别人》

魔法心语

每个人都渴望得到他人的尊重和认可，只有尊重他人和得到他人的尊重才能真正地得到快乐！被人尊重是人的一种需要和权利，而真正随时随地做到尊重他人，才是一种值得称赞的美德，才是一种高度的文明。

捡起脚下的纸屑

走进可爱的学校，一株株绿树为你提供新鲜的空气，一棵棵小草和一朵朵小花把校园装点得美丽温馨。清新洁净的笑容，为校园带来无限生机。亲爱的孩子，当生命的绿色向我们敞开时，我们会伫立犹豫吗？捡起脚下的一片白色，就能妆点一寸绿荫，行动起来吧！为了明天妆点一份绿色，为明天铺垫一份光明吧！

成长烦恼

一天放学后，小明从书包里拿出香蕉，边吃边往校门口走，吃完之后，他顺手将香蕉皮丢在地上。就在他准备追赶走在前面的小刚时，新来的语文老师叫住了他。

老师软着嗓音问道："小明你为什么不把垃圾丢进垃圾桶呢？"

小明抬手挠了挠脑袋说："反正清洁工会打扫的，丢不丢进垃圾桶都一样啊。"

听到小明的回答，老师笑了笑转身捡起香蕉皮扔进了垃圾桶。老师没有批评他，可小明顿时觉得脸上火辣辣的。

一个星期后的语文课上，老师没有上课而是将全班的同学分成4小组，让他们打扫校园。为了监督同学们的工作情况，每个小组都分别认命了一个小组长，小明就是其中一个。

平日拥挤的校园，在此刻却显得格外宽敞，数十位同学整整花了两个小时才打扫完毕，一个个都累得虚脱了，尤其是小组长们，为了做好表率工作，他们比其他同学更加卖力。当看到学校重新恢复美丽的样貌时，孩子们都觉得所有的辛苦都是值得的。小明若有所思地坐在操场上休息，在这一刻他仿佛想起了什么，也明白了什么。

浑身酸痛的小明第二天来上学时，在校门口遇见了语文老师，她笑着问小明昨天打扫校园有什么感想。小明不好意思地笑了笑："原来打扫卫生也不是我想的那么简单，我只做了两个小时就累得不行，可清洁阿姨每天都要打扫好几遍，她们真的很辛苦，以后我再也不随便丢垃圾了。"

亲爱的孩子们，美丽的校园，离不了我们每一个人的悉心呵护。让我们随手捡起脚下的一片纸屑，扫除恼人的垃圾，让校园更加美好整洁，永远飘扬着快乐的歌声。

亲爱的孩子，"爱护环境卫生，从我做起"，这话题说起来总是让我们觉得有点"老土"、"落伍"，但是能真正做到却并不容易。

● 你是否也喜欢这样的空间？

亲爱的孩子，当我们漫步在乡村的林荫小路上，两旁是青青的小草，蝴蝶飞舞；当我们仰望蔚蓝的天空，几只小鸟快活地从我们头上掠过，叽叽喳喳唱个不停；当我们走在清澈的池塘边，看见成群的鱼儿自由自在地游来游去；当我们深深地吸一口气，闻到沁人心脾的花香，我们会是什么样的感受呢？会不会觉得生活在这样美好的环境里心情特别地舒畅呢？

你是否也向往这样的生活空间呢？

● 那么，你是否也有过这样的行为？

亲爱的孩子，当我们熟视无睹，把一块块西瓜皮、香蕉皮随心所欲地丢在洁净的街道上时，你可知道我们的环卫工人是何等辛苦地把街道打扫得一尘不染？当我们随心所欲地在马路上乱扔零食包装纸、饮料瓶时，你可知道满地的垃圾随时都会给过往行人和车辆造成安全隐患？当我们乐此不疲地边走边吃，嗑出的瓜子壳、花生壳随手丢弃时，你可知道我们洁净的环境瞬间失去了颜色？

有时仅仅是几步之遥，举手之劳，我们就能将那些垃圾送到果皮箱里，让

我们的生活环境大变样，何乐而不为呢？勿以恶小而为之，勿以善小而不为。不要总是把空空的口号挂在嘴上，我们应该付诸行动。

那么我们该怎样做一个爱护环境的好孩子呢？

心法秘籍

亲爱的孩子，良好的卫生习惯不仅能为个人的健康提供保障，还可以为我们的生活环境带来一片生机。那么，要怎么做呢？

● 点滴小事，养成好习惯

高尔基说过："我们世界上最美好的东西，都是由劳动、由人的聪明的手创造出来的。"任何事都需要我们去实践去付诸行动，卫生也是如此，从点滴的小事做起吧！例如，每天自觉地捡起地上的纸屑垃圾。除此之外，我们还可以做哪些事，养成爱护环境卫生的好习惯呢？

我们还可以做些什么呢？

____

____

____

____

____

● 少些口号，多些行动

或许讲卫生、爱护环境的口号我们早已倒背如流，但我们是否真正地付诸行动了呢？如果没有，那就少一些口号，少一些空想，多付出一些行动吧！即使是捡起脚下的一片纸屑，也将会是我们的巨大进步哦！

● 环境卫生公约——勇做环保小卫士

①地面无果皮、纸屑，垃圾分类入箱。

②桌凳物品摆放整齐。

③窗台无灰尘、窗玻璃明亮，室内保持洁净。

④公共区域，保证无落叶和其他杂物。

“一屋不扫，何以扫天下。”不仅要做公共场合的环保小能人，还要时刻保持自己小窝里的卫生哦！

①要注意通风换气，早上起床后立即打开门窗通风。

②要做到床上平整、衣柜整洁，地面无垃圾、洗漱台清洁。

③床上用品应该定期清洗和晾晒。

我们能做到这些吗？我们是卫生小达人吗？如果不是，那就继续加油吧！

● 及时的鼓励，长久的动力

亲爱的孩子，在养成卫生习惯的道路上，无论我们有多么微小的进步，即使是今天自觉地捡起了一片纸屑，都要及时地给予自己最大的肯定和鼓励，这样我们就会发现，这辆开往“卫生达人”的火车一定会动力十足哦！

心灵自助

小小的习惯对我们未来会有什么样的影响？捡起一张废纸重不重要？当你读了福特先生的故事，我想，你会发现，看见小事的人就能看见大事，也就能做出大事。

福特大学毕业后，去一家汽车公司应聘。和他同应聘的三四个人都比他学历高，当前面几个人面试之后，他觉得自己没有什么希望了。但既来之，则安之。

他敲门走进了董事长办公室，一进办公室，他看到门口地上有一张纸，于是弯腰捡了起来，发现是一张渍纸后，便顺手把它扔进了废纸篓里。

然后才走到董事长的办公桌前，说：“我是来应聘的福特。”

董事长说：“很好，很好！福特先生，你已被我们录用了。”

福特惊讶地说：“董事长，我觉得前几位都比我好，你怎么把我录用了？”

董事长说：“福特先生，前面三位的确学历比你高，且仪表堂堂，但是他们的眼睛只能‘看见’大事，而看不见小事。你的眼睛能“看见”小事，我认为能看见小事的人，将来自然能看到大事，一个只能“看见”大事的人，他会忽略很多小事，他是不会成功的。所以，我才录用你。”

福特就这样进了这个公司，这个公司不久就扬名天下，福特把这个公司改名为“福特公司”，也相应改变了整个美国国民经济状况，使美国汽车产业在世界独占鳌头，这就是今天“美国福特公司”的创造人福特。

魔法心语

把每一件简单的事做好就是不简单；把每一件平凡的事做好就是不平凡。

——张瑞敏

无规矩不能成方圆

纪律像一只重重的壳，把人们束缚在狭窄的空间里，不能潇洒地大展拳脚。像蜗牛一样背负着它的人们，有时会觉得好累，有时会想要冲破它的束缚，自由自在，无忧无虑地飞翔。但是，当我们真正地打破它时，却发现，没了它，没有了束缚，结果只是失去凝聚力和高昂的斗志，如同一盘散沙，偶尔微风掠过，所有的一切，瞬间便会支离破碎。

成长烦恼

“今天田伟又和同学打架了，从不学习就只知道打架，上课闹下课也闹，老师们都无法正常上课。无视校规校纪，把谁都不放在眼里，我不知苦口婆心地劝了多少次，你们家人也帮忙教育一下，要是他还执意不改，那我也没办法，只能让他休学在家了！”

李老师唠叨个没完，这些内容连我都能背上了。每次来家里她总会给爷爷来这一段长篇大论，唠叨完后爷爷便对我棍棒相加，不过，我都习以为常了。

我是初二学生，父母都在外地打工，多年未归，我都不记得他们的样子了，一开始想他们时我还会哭，后来都懒得哭了。我和妹妹跟着爷爷奶奶生活，爷爷奶奶年纪大了，说起管教我，那也是心有余而力不足。

后来，我就经常跟着同学跑到县城网吧玩。没钱了，就和其他几个同学到学校附近一商店去偷钱，倒霉的是，被店老板逮个正着，又被打得鼻青脸肿。虽然如此，我还是喜欢这样的生活，不用被一大堆校规校纪约束着，这也不行那也不可，如坐监狱。

学校还要我退学，我早就不想上学了，我想到父母工作的城市去打工，那里一定非常自由，没有喋喋不休的老师，没有一大堆作业，没有各种规矩，还有工资，还可以和父母团聚……

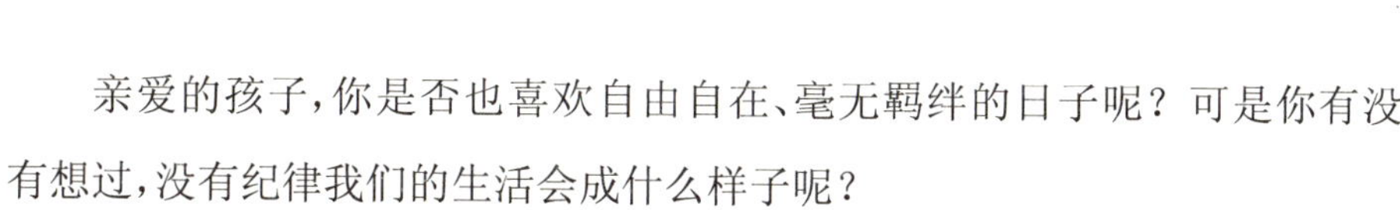

亲爱的孩子，你是否也喜欢自由自在、毫无羁绊的日子呢？可是你有没有想过，没有纪律我们的生活会成什么样子呢？

读心课堂

亲爱的孩子，无规矩不成方圆，做一个有纪律的好孩子并不是一个口号如此简单，面对生活里的束缚我们是选择自由还是选择随时做个遵守纪律的人呢？

● 纪律——道德的符号

纪律不单单是一个口号，它还引发了一个道德教育的热潮。正如法国社会学家爱米尔·涂尔干所观察到的，纪律提供了一种道德符号，它使得班级这样的小社会的正常运转成为可能。他认为，针对纪律的一个道德方法是把纪律当成培养尊重和责任的工具，而这恰恰抓住了纪律存在的终极目标：自我约束——时刻严格地自我控制，它同规则和法律一起是成熟品格的标志，也是文明社会对社会成员所要求的。自律永远是道德最高的一种境界。亲爱的孩子，你是否可以做到自律呢？

● 纪律 or 自由，你选哪一个？

亲爱的孩子，你是否向往自由自在、无忧无虑的生活？没有约束，没有束缚，像鸟儿一样自由地飞翔。可生活中的你却是被捆绑着的风筝，总有一根线束缚着你，永远不能飞得更高。想象一下没有纪律存在的学校和班级会是什么样子的？上课时间学生随意打闹，谈天说地，乱扔东西，随意进出教室，乱成一锅粥，在这样的教室里，我们是否还可以安心地学习，是否还有学习的动力呢？无规矩不成方圆。如果没有纪律作保障，任何一个组织都会变成一盘散沙，各行其是，各自为战，我行我素，没有秩序，只会削弱甚至是失去整体战斗力。

断线的风筝不仅不会得到自由，反而会一头栽向地面。因为没有了纪律的制约，它也就没了动力、没了方向，也没了飞翔的力量。亲爱的孩子，当我

们选择遵守纪律的同时也会获得自由。

那么怎样才能养成遵守纪律的好习惯呢？

心法秘籍

纪律规定是每个人在集体生活中都必须遵守的规则，我们在遵守纪律和规定方面做得怎么样呢？看心理学博士来解读如何做吧：

● 自律——想说爱你不容易

自律就是严格约束自己。人人崇尚自由，然而，自律的代价是自由。成功需要很强的自律能力，但自律并不是如此简单的事哦！

个人的自律具体表现在以下几点：

①自爱——塑造良好的自我形象。表现在穿着打扮、言谈举止、理想、学识、情操、心理等等上。

②名誉——它是社会或他人对你的评价，是一个人尊严的象征。

③反省——“金无足赤，人无完人”，对自己的言行和思想进行反省，纠正错误，改正缺点。

现在开始，拿出我们所有的力量和意志努力向自律的高峰前进吧！

● 阻碍我们前进的小恶魔

生活中，总有些阻碍我们前进的小恶魔，它们看似微弱，不足为奇，但是，积少成多，总有一天它们会成为我们前进道路上的巨大障碍。从现在起，一个个找到它们，然后逐个清除吧！

①上课交头接耳，不认真听讲。(×)

②随意旷课，迷恋游戏。(×)

③考试作弊，携带小抄，得过且过。(×)

④无视学校规定，迟到早退。(×)

⑤自习课上随意打闹，玩游戏机或手机。(×)

⑥不服从老师管理，顶撞老师。(×)

● 别说仅此而已，我们真的做到了吗？

所有的纪律你都懂，甚至倒背如流，但别潇洒地说仅此而已，这些你是否都能时刻遵守呢？如果没有，那就努力做到吧！

①学生要按时上课，不迟到、不早退。(√)

②上课时间不准随意进出教室。(√)

③上课时，要遵守课堂纪律，保持安静，不得高声喧哗妨碍他人学习。(√)

④教室内必须保持清洁，不随意涂写、乱扔纸屑和随地吐痰。(√)

⑤按时独立完成作业，不抄袭。(√)

⑥自修时间要保持肃静，认真自学，不喧哗吵闹。(√)

⑦诚信考试，不抄袭作弊。(√)

心灵自助

6 只猴子要过河去，参加“森林运动会”。

渡船的水獭伯伯对猴子们说：“我这只船小，规定每次只能坐 3 位乘客，你们分两次过河吧！”

3 只猴子上了船。第四只猴子满不在乎地说：“4 位和 3 位不是差不多吗？你这个规定也太死板了！”

“不行，不行，超载船会沉的。”水獭连连摆手说。

那只猴子不听，急忙跳上了船。

第五只猴子哈哈大笑说：“哪有这么巧的事情，我从来没见船沉掉。”说着“嗵”的一声跳上船去。

第六只猴子咕哝着：“大家都违反规则，难道偏要我当傻瓜吗？我才不干呢！”说完也跳上了船。

小船很快沉了下去，猴子全部掉进了河里，水獭伯伯费了好大的劲，才把它们一个个救上了岸。

亲爱的孩子，如果人人都认为自己不遵守纪律是小事，那么它的危害会有多大？如果汽车不按照规定行驶，到处横冲直撞，行人就要遭殃；如果同学

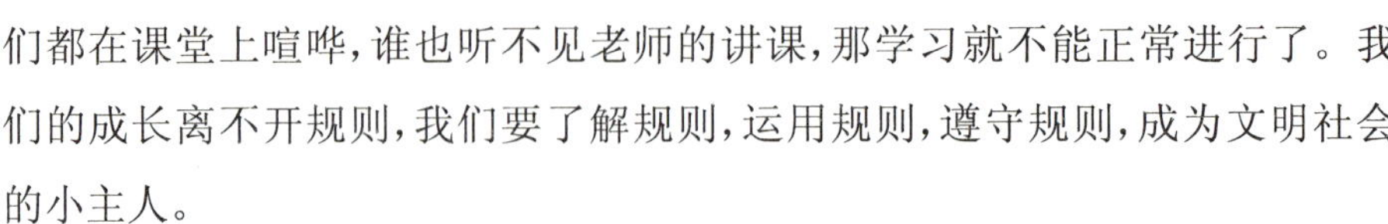

们都在课堂上喧哗，谁也听不见老师的讲课，那学习就不能正常进行了。我们的成长离不开规则，我们要了解规则，运用规则，遵守规则，成为文明社会的小主人。

魔法心语

没有纪律，就既不会有平心静气的信念，也不能有服从，也不会有保护健康和预防危险的方法了。

——赫尔岑

第五篇　学习是改变留守的最好方法

从前有个农夫向老者请教除去田里杂草的方法，老者说道："想让田里不长杂草，就得种满庄稼。"是呀，庄稼多了，杂草自然也就无地方可以生长了。亲爱的孩子，对于留守的我们来说也同样如此，想要消除留守时的孤独、困惑、苦闷等不良情绪反应，不妨让我们时刻忙着，可以多用一些时间来学习。繁忙但有效的学习可以让我们的生活变得更加充实，无聊、无助、伤感的时间自然就少了。学习既可以增长见识、提高自身涵养，为未来打下坚实基础，又可以帮助我们找到调节情绪、学会生活的方法，可真是一箭双雕呀。

早起的鸟儿有虫吃

勤奋，是中华民族的传统美德，能造就人们美好的一生。意大利伟大的画家达·芬奇说过：“勤劳一日，可得一夜安眠；勤劳一生，可得幸福长眠。”是呀，俗话也说，早起的鸟儿有虫吃。亲爱的孩子，如果我们还在为自己一个人时间多得不知怎么安排，如果我们还在觉得不知道该干什么，那么请翻开手中的书本，不管是课内的还是课外的，汲取书籍中的养分，充实自己的生活吧。

成长烦恼

洋洋至今还记得，爸爸妈妈半夜去赶火车的场景，黑夜如墨，父母往里面一站，就被墨色吞噬了，整整两年，却总不见他们从黑夜里回来。

爷爷奶奶总是安慰他：“洋洋好好学习，你妈你爸在外面再苦再累也是心甘情愿的。再等等，今年厂里不是很忙，他们就会争取回来的。你要考个好成绩，这样他们才会感到欣慰啊！”

爷爷奶奶无微不至地照顾着洋洋，洋洋跟他们感情笃深，从不和他们顶嘴，只把对父母的思念深埋在心里，并转换成学习的动力，天长日久，学习已经不仅仅是每天完成的功课，而是他灵魂的寄托，也成为他排遣内心寂寞的主要方式。

每天天未亮，他就起床边烧火做饭，边借着火光看书，仿若自己就是古代那个“凿壁借光”的读书人；在学校，洋洋上课特别专心，学习中他要求自己不仅要知道是什么，而且一定要知道为什么，因此，老师和同学都亲切地称他为“为什么先生”。

洋洋最喜欢的就是周末了，因为周末完成老师布置的作业以后，他就有大把大把的时间来看班主任老师送给他的四大名著了，这四本书可是洋洋的

宝贝，每次拿出来看的时候他总是小心翼翼，尽心呵护。

功夫不负有心人，期末考试时，洋洋拿到了年级第一名，都说“一分耕耘一分收获”，洋洋用自己的实际行动证明了这句话！

亲爱的孩子，并非所有的努力都一定有收获，但不努力就一定没收获，当我们的付出都得到了回报时，我们是否还能继续孜孜以求？

读心课堂

亲爱的孩子，“贵有恒，何必三更起五更眠；最无益，只怕一日曝十日寒。”那么有了勤奋就会得到自己梦想的一切吗？

● 勤奋是什么？

勤奋是一种习惯。勤奋不是学得久，而是学得认真，聚精会神。就是别人在聊天，而你却在用功；就是别人还没起床，而你已经书声朗朗了；就是别人已经入睡，而你还在挑灯夜战。当勤奋成为一种习惯，你会发现它给你带来的巨大进步。

勤奋是成功的元素。天才，就是百分之一的灵感加上百分之九十九的汗水；就是播撒种子，培土浇水；就是不知道肚子饿，不觉得汗流浃背，不感到天寒地冻……勤奋的人总能开辟出一片成功的新天地。

● 勤奋会带给我们什么？

从古到今，以自己的勤奋换成功的例子数不胜数。

王羲之吃墨，就是因为他每天刻苦练字、专心学习而忘了吃饭。

一生只上过三个月小学的爱迪生却发明了电灯、电影放映机等上千种东西，这就是他勤奋好学，善于思考，努力工作的结果。

当别人在野外玩耍时，而华罗庚却在书房里认真地解深奥的数学题；当别人在草地上尽情放风筝时，而爱因斯坦却在为人们解除害人的迷信。

这些伟人正是用“勤奋 + 汗水 + 天赋”换来了他们的巨大成功。

那么怎样才能养成勤奋的习惯呢？

心法秘籍

勤奋是笨鸟先飞的最好方法，可是我们该如何勤奋才能更加有效？希望下面的小妙招可以帮到你哦！

● 做好每天学习的计划

你可以每天做一个计划，写在纸上（一定要符合实际），然后每完成一项就用笔划去，一天下来争取把计划都完成，看到纸上都划满了横线是很有成就感的，会让你继续每天都尽量完成计划的。

● 定下每天学习的目标

我们爬山时都会想，顶峰就在前面，哪怕速度慢一点，只要方向是正确的，最后也一定能登顶。学习也同样如此，当你累了、困了、灰心丧气了，想想自己的目标，自己的理想生活状态。休息一下，继续朝着那个既定的方向走，总有一天会走到属于你的顶峰。

● 给自己一把好“刀”

砍柴，除了要有力气，还需要什么呢？那就是砍柴的正确方法和一把利器，“磨刀不误砍柴工”，一把好的工具将会达到事半功倍的效果。同样，好的学习方法也将使我们的学习效率大大提升，加上勤奋，结果将是你意想不到的。

● 学会合理利用时间

“浪费，最大的浪费莫过于浪费时间了。”爱迪生常对助手说：“人生太短暂了，要多想办法，用极少的时间办更多的事情。”自己制作一个时间表吧，合理分配学习、娱乐的时间，你会发现你的生活会因此而有新的收获。（请参考“珍惜每一分钟”的内容）

● 用励志故事激励自己

多看看伟人的故事，找到你学习的榜样，如果我们能像自己的榜样那样树立远大的志向，就能够用这个志向去激励自己，从而实现自己的志向。

心灵自助

看过《三国演义》的同学一定对诸葛亮非常敬佩吧！诸葛亮从小学习刻苦，勤于用脑，通过自己的勤奋努力成为我国古代杰出的政治家、军事家、文学家。他勤奋好学的精神是值得我们学习的。

诸葛亮少年时代，从学于水镜先生司马徽。司马徽特别喜欢这个勤奋好学，善于用脑的少年。

那时，人们还没有钟表，计时用日晷，遇到阴雨天没有太阳时，时间就不好掌握了。

为了计时，司马徽采用定时喂食的方法来训练公鸡按时鸣叫，按公鸡的鸣叫把握上课的时间。

为了学到更多的东西，诸葛亮想让先生把讲课的时间延长一些，于是诸葛亮想：若把公鸡鸣叫的时间延长，先生讲课的时间也就延长了。于是他上学时就带些粮食装在口袋里，估计鸡快叫的时候，就喂它一点粮食，鸡一吃饱就不叫了。

过了一些时候，司马先生感到奇怪，为什么鸡不按时叫了呢？

经过细心观察，他发现诸葛亮在鸡快叫时给鸡喂食。先生开始很恼怒，但不久还是被诸葛亮的好学精神所感动，对他更关心、更器重，对他的教育也就更毫无保留了。

诸葛亮通过自己的勤奋努力，终于成为了“上知天文，下识地理”的一代饱学之士。

魔法心语

聪明出于勤奋，天才在于积累。

——华罗庚

学习是我自己的事

有人说，生活像一杯白水，加点盐，它是咸的，加点糖，它便是甜的。生活的质量是需要用心情去调剂的。心态可以决定一个人的幸福，心态也可以决定一个人的成败，我国古代有句劝人的古语：为所有而喜，不为所无而忧。“养其习于童蒙，则作圣之基立于此。”亲爱的孩子，养成良好的习惯，就可以为你一生的大业奠定基础。

成长烦恼

老师把小鑫叫到办公室狠狠地教训了一番：“余小鑫，你作业就这么交上来了？你看看，错字连篇，还漏了那么多题，你有没有想过你爸妈要是看到你这张卷子，会有多寒心！”

说着说着小鑫止不住泪流，老师以为他是醒悟了，便也没再多说，其实小鑫难过的是另一回事。

父母外出打工1年多了，过年是小鑫最快乐的时光，有了父母的陪伴，小鑫看书写作业也变得格外有动力，总希望把自己的作业拿给他们看，受到他们的夸奖。

可他们一走，小鑫就什么也不想干了，整日无精打采的，像一只被遗弃的小猫，就算叫得再动听，再惹人怜，也没人会为他驻足片刻。他心想，就算做得再好，父母也看不见，无人过问，没人表扬，既然如此又何苦拼命学习呢？

何况，其他同学回家后都有父母的指导，不会的题也有人问，而他呢？爷爷奶奶不懂，问同学也怕被他们笑话，进退维谷，小心翼翼……他最好的朋友大海说：“我爸我妈只要我身体壮就行了，学习不好还可以出去打工嘛。”

他觉得身体好是必要的，可是若学习不好父母肯定会不高兴，曾经积极上进的小鑫因为缺少爱而缺少进取的动力，丢失了良好的心态，一味地把责任踢给别人，开始任由自己放纵。

亲爱的孩子，你是否也遇到过类似情况？生活把你推上险滩，你是就地打滚、苟延残喘，还是乘风破浪、浪遏飞舟？给自己的生活多些正能量！用正确的生活和学习态度来面对生活吧！

读心课堂

亲爱的孩子，好的学习态度直接关系到我们学习的效率和成就感，那么怎样才能使我们拥有不竭的学习动力呢？

● 什么让我们的学习更有动力？

“态度决定一切”。拥有一个主动的态度十分重要，可以说：“天才，就是主动性的爆发。”遇到每一件事绝不退缩，积极地去做，这就是一种主动的态度。主动可以使你比别人多许多做事的时间，可以比别人多做许多需要做的事情，因而，你得到的练习就会很多，也更容易取得成功。

心理学的很多研究都表明，学习态度会影响我们的学习行为和学习效果。积极的学习态度会加快我们学习的速度和获得良好的学习效果，而消极的学习态度往往会使学生出现更多的问题行为，如学习成绩差等。因此，良好的学习态度能让我们有一个端正的学习心态和方向，不会迷茫，始终保持学习的热情和探索的欲望。

● 良好的学习态度才会助我们成长

你想成为碌碌无为的人，就会整日无所事事；你想要笨鸟先飞，就会在逆境中成长；你想要与智者为伴，就会埋头苦读……什么样的态度，决定什么样的成长。有了良好的学习态度，我们才能在低谷时不弃，在高潮时不骄；有了良好的学习态度，我们才能既不妄自菲薄，又不目中无人。态度决定一切，只要你认真地面对学习，那么胜利之果就会降临。

那么怎样才能具有积极的学习态度呢？

心法秘籍

人生在世，机遇必然会有很多，但并不是每一个机遇我们都能轻松地把握住，重要的是我们要拥有对待学习和生活的积极态度。

- 为人生而学习

我为什么要学习？这个问题看似简单，实际上非常重要。如果一个人没有良好的学习动机，不明白做事的目的，就很难产生强大的内驱力。所以，我们要清楚地告诉自己，我学习不是为了职业，而是为了人生。

- 学习是自己的事情

学习是自己的事情，让我们一起来做好学习的规划吧。

我的学习规划书

____
____
____
____

- 比别人多做一点

每天多做一题，就多增加了一题的资本，遇到不会的题目，可以向同学和老师请教。每天多做一点点，进步一点点，长此以往，收获将会是难以估量的。

在学习上，我可以比别人多做的事有：

____
____
____
____
____

- 学会正确归因

我的学习成绩不好是因为：

放弃这些错误的归因：头脑笨(×)；老师差(×)；爸爸妈妈不管我(×)……

正视这些正确的归因：努力不够(√)；方法不正确(√)；态度消极(√)……

当我们找到这些正确的原因，就从这些原因着手吧：增强努力的程度，改变学习的方法，保持积极的学习态度……奇迹将会在你眼前出现。

有时，生活的苦与乐仅仅取决于我们用什么样的态度来面对，积极的态度是这样的：

该不该搁下重重的壳
寻找到底哪里有蓝天
随着轻轻的风轻轻地飘
历经的伤都不感觉疼

我要一步一步往上爬
等待阳光静静看着它的脸
小小的天有大大的梦想
重重的壳挂着轻轻的仰望

我要一步一步往上爬
在最高点乘着叶片往前飞
让风吹干流过的泪和汗
总有一天我有属于我的天

让风吹干流过的泪和汗

总有一天我有属于我的天

——周杰伦《蜗牛》

魔法心语

百川东到海，何时复西归？少壮不努力，老大徒伤悲。

——汉乐府《长歌行》

方法是开启知识之门的钥匙

一根铁棒费了九牛二虎之力，却始终也打不开一个小小的铁锁。这时一枚钥匙过来了，不费吹灰之力就把铁锁打开了。铁棒大为不解地问钥匙："我比你强壮了许多都没法把铁锁打开，为什么弱小的你能够打开呢？"钥匙微笑地说道："因为我掌握了正确的方法。"原来掌握了方法是这样的省时省力。亲爱的孩子，学习也是一样的哦，掌握了好的学习方法，学起来就会轻松愉快，否则只能是事倍功半。

成长烦恼

刘小龙家境贫寒，父母为了维持一家生计，双双外出打工。小龙兄妹俩一直由爷爷奶奶照顾。作为老大，自然是要照顾好妹妹的，因此小龙虽然才上六年级，已显示出超出同龄人的老成。他自知生活艰难，只有读好书才能让家人过上好日子。

六年级的小龙面临强大的升学压力，更是加倍用功读书。为了能考上城里的重点中学，小龙每天都起早贪黑。

东方未明，晓鸡未啼，小龙就已起床背书，不知是觉没睡够，还是本身记忆力不行，或是方法不得当，小龙总是后背前忘，即使在本子里抄写了很多遍的英语单词，看了半天还是不知道什么意思。

说到数学，小龙更是一筹莫展，好像那些数字存心跟他过不去，怎么算都是错。因为家里条件不好，小龙本来就很自卑，现在不会做的题更不好意思去请教同学。看着自己绞尽脑汁却一无所获，而同学们三下五除二就顺利解决，小龙不禁怀疑自己的智商，好像自己天生如此，生来就是做陪衬、给人垫底的，即便使出浑身解数，也不够给人提鞋。

亲爱的同学们，当你的付出没有得到等价的回报时，你是不是就会怀疑自己的智商，或自己的能力？要知道，背书有背书的方法，答题有答题的路径，掌握要领方能举一反三，多反思方法，多交流心得，得其要领方能事半功倍。

读心课堂

亲爱的孩子，你可知道，找到正确的问题解决方法，往往就解决了问题的大半。我们是否一直认为勤奋和努力可以成就一切？我们是否意识到或许一个问题用另一种方法解决会轻松许多？

● 除了辛勤的付出还需要什么？

或许我们都有这样的苦恼：很多时候明明自己付出了那么多，结果却没有得到应有的回报！这让我们感到失落或无奈。

心理学家认为学习有三种境界：

第一层为苦学。提起学习就讲“刻苦、刻苦、再刻苦”，处于这种层次的同学，觉得学习枯燥无味，学习变成了一种苦差事。

第二层为好学。所谓“知之者不如好之者”，达到这种境界的同学，对学习如饥似渴，常常到废寝忘食的地步，自觉的态度常使他们能取得好的成绩。

第三层为会学。用正确的方法学习，学习效率高，学得轻松，思维也变得灵活流畅，真正成为知识的主人。

可见，学习不是仅仅需要勤奋就够的，还需要有方法。勤奋和方法如鸟之双翼，如车之双轮，此两者都不可偏废。

● 是什么给问题解决带来困扰？

我们在学习的过程中，往往也是会和思维打交道的。下面就请大家思考一下下面这个问题：在桌子上放一个火柴盒、几颗图钉、一支蜡烛，如何才能把蜡烛支在门上呢？结果发现被试在完成任务的过程中遇到的困难是，只想到火柴盒是一个容器，而想不到用图钉把火柴盒钉在门上构成平台。在刚开始思考这个问题时，是不是有点不知所措呢？那是因为我们大家在平时的思维习惯中，把火柴盒的用途都定格在一个方面了，被它所束缚，是思维的一个特点，也就是心理学中所说的思维定势。思维定势有时会使我们无法发散思维，给问题解决带来一定的困扰。

那么怎样才能找到恰当的学习方法呢？

心法秘籍

成功=艰苦的劳动+正确的方法+少谈空话。学习方法因人而异，那么怎样才能使我们找到提高学习效率的小妙招呢？

● 养成良好的学习习惯

课前预习的习惯：课前预习是一种良好的学习方法，每次上新课前要自觉地进行预习。对要学的知识作一个初步的了解，把学习的难点、重点和不懂的地方记下来，这样在上课时就可以有的放矢地带着问题听课。

课堂听课的习惯：专心听讲，不讲废话、不做小动作；听课时积极思考，要一边听一边想并适当做些笔记；不懂多问，积极参与课堂讨论。

课后复习的习惯：课后及时复习，记忆清楚，内容易懂，当天的课当天复习；先全面复习再重点复习；遇到难题时反复复习，温故而知新。复习能使学生加深对课本的理解，知识能被掌握得更扎实。

作业与订正的习惯：保持一个安静良好的作业环境；积极思考独立完成，做作业前看清楚题目要求，不拖拉不抄袭；书写工整，字迹清楚，格式规范，页面洁净。作业本发下后发现答错题自觉及时地订正，作业后仔细检查。

● 合理安排复习的时间

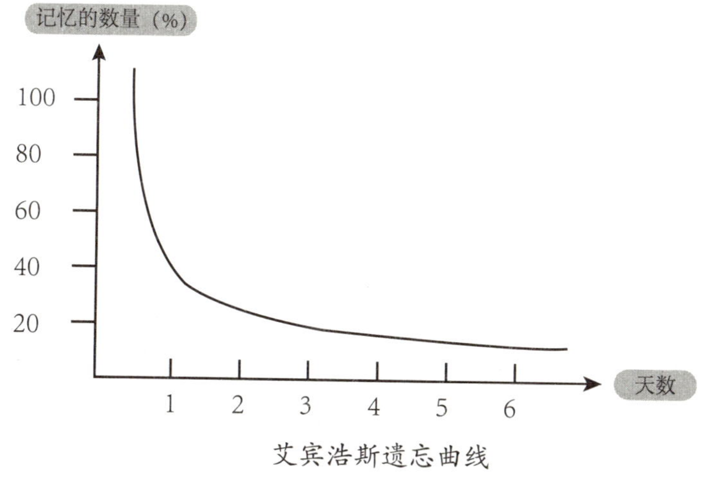

艾宾浩斯遗忘曲线

根据上面说的艾宾浩斯遗忘曲线，我们知道，刚学习的东西不及时复习很快就会忘掉。那么我们怎样利用这个知识呢？

①对于刚学习过的东西，当天一定要复习巩固一遍。

②最好能中午休息前，用几分钟回忆一下上午老师所讲的要点。

③晚上回家帮爷爷奶奶干活儿时，再用几分钟回忆下午老师所讲的要点。

这样一来，当天的十几分钟复习好过日后的几个小时的努力。

● 养成发散思维的好习惯

这点在做数学题的时候尤其重要。当发现用以前做过的类似题目的方法无法解决当前的题目时，要果断放弃这种方法，从别的角度来重新看待问题。就如，平时我们在挑水砍柴时也可以锻炼自己的发散思维，想想火柴除了用来生火，还可以干些什么。

火柴的妙用有哪些？

____

____

____

心灵自助

一天，爱迪生在实验室里工作，他递给助手一个没上灯口的空玻璃灯泡，说：“你量量灯泡的容量。”说完，他又低头工作了。

过了好半天，他问：“容量多少？”他没听见回答

爱迪生转头看见助手正拿着软尺在测量灯泡的周长、斜度，并拿了测得的数字伏在桌上计算。

“时间，时间，怎么费那么多的时间呢？”爱迪生走过来，拿起那个空灯泡，向里面斟满了水，交给助手，说：“把里面的水倒在量杯里，马上告诉我它的容量。”

助手立刻读出了数字。

爱迪生说："这是多么容易的测量方法啊，它又准确，又节省时间。"

助手的脸红了。

爱迪生喃喃地说："人生太短暂了，太短暂了，要节省时间，多做事情啊！"

天才来自于勤奋，而勤奋也必须要得法，好的方法将助你事半功倍，爱迪生用很简单的方法就测得了灯泡的容量，对你有什么启示呢？

魔法心语

贝尔纳说过，良好的方法能使我们更好地发挥天赋的才能，而拙劣的方法则可能妨碍才能的发挥。确实，有良好的学习方法，就有如顺水行舟又有东风相助，一日千里。懂学习方法的人，则能事半功倍。所谓磨刀不误砍柴工，花些时间掌握学习方法，你值得拥有！

激发自己学习的兴趣

亲爱的孩子，不知你是否发现，当你喜欢上一首歌时，不知不觉就把歌词背得滚瓜烂熟，而当面对不熟悉的英语时，却茫然不知所措。为什么会相差那么大呢？因为一个是轻松的、我们很容易接受的，一个是需要付出辛劳的。俗话说，兴趣是最好的老师。如果想要像记歌词那样把知识记得驾轻就熟，那就得培养自己对于学习的兴趣了。

成长烦恼

很多人都觉得小光整天不务正业，作为一个学生却从未好好学习。最近外婆也发现，放学路上小光喜欢去爬树或去河边玩，而不是回家好好做作业。但小光觉得自己很委屈，自己的苦衷别人不会懂得……

小光对学习就是不感冒。

小光经常抱怨道："语文课整天就是读这个读那个，还天天抄生字词，一抄就是一页，其实没必要抄那么多遍的；数学课就是一大堆的数字，看到头都大了；英语就更不要说了，听着跟鸟语一样，一点也听不懂……但是爬树就不一样了，我觉得我是在征服它，每当我站在树梢，我就特别激动，感觉自己站在了巨人的肩上，俯视天下，唯我独尊。"

"说的容易，不断向上，我的动力是什么？仅仅是为了上大学？大学就业好？待遇高？以后日子好过点？穷人就过得不开心么？没考到大学就没有立足之地吗？说实话，我对于学习没有任何动力。父母对我的期望？更谈不上，偶尔说说认真学习、好好读书，这话听得耳朵都生茧了……"

小光对爬树有极大的兴趣，因为在爬树中他可以领略征服中的刺激和征服后的喜悦，不必做一个课堂上的奴隶，而要做一个树顶的英雄。

小光并非一个一无是处的孩子，他不怕吃苦，敢于冒险，对于自己喜欢的事情能够全力以赴去做好。但爬树爬得再好也得不到大家的认可，只有分数上去了才能得到众人的嘉赞。

亲爱的孩子，要是小光觉得读书像爬树一般有趣，那么小光是否还会退避三舍呢？

亲爱的孩子，兴趣对一个人的工作至关重要，对一个人的个性形成和发展、生活和活动都会产生巨大的影响。

● 兴趣是最好的老师

心理学研究发现，只有那些对学习有浓厚兴趣的学生，把学习看成自己的愿望和需要的人，才能使激活自己的整个认识活动。学生的学习兴趣直接影响学习质量，学生对所学内容越感兴趣，他们的学习主动性和积极性就越高，学习效果也就越好。

● 兴趣与知识谁更重要？

达尔文小时候是"平庸的孩子"，但他对大自然却产生了浓厚的兴趣，并以极大的兴趣去野外观察学习和采集标本……从而对人类作出重大贡献。正如他在自传中说："就我记得我在学校时期的性格来说，其中对我后来发生重大影响的，就是我有强烈而多样的兴趣，沉溺于自己感兴趣的东西，深入了解任何复杂的问题和事物。"这是为什么呢？是兴趣让达尔文从平庸走向伟大。

知之者不如好之者，好之者不如乐之者。"只有"好之""乐之"才能有高涨的学习热情和强烈的求知欲望，才能以学为乐，欲罢不能。从教育的角度说，前苏联教育学家斯卡特金认为：教育效果取决于学生的学习兴趣。

没错，兴趣是可以培养的。只要我们对一个事物不讨厌，那么就有培养的可能。那么怎样才能培养我们的兴趣呢？

● 发现自己的兴趣并坚持下去

许多时候，我们并不知道对什么感兴趣，但是如果我们找到感兴趣的事情后，就会对事物的结果感兴趣，而愿意去做。让我们一起开展一个寻找兴趣的行动吧，慢慢地，你会觉得任何一门课程都有它的特点所在。

寻找兴趣行动：

语文：____________________

数学：____________________

英语：____________________

我还发现这些学科的趣味：

____

● 积极期望

积极期望是从改善我们自身的心理状态入手，对自己不喜欢的学科充满信心，相信该学科是非常有趣的，自己一定会对这门学科产生信心。

例如：如果我们对地理毫无兴趣，为了培养对地理的兴趣，可以做这样的练习："我喜欢你，地理！"重复几遍之后，或许就会觉得地理不像从前那样枯燥无味了。

● 小目标开始

在学习之初，确定小的学习目标。学习目标不可定得太高，应从努力可达到的目标开始，不断地进步会提高学习的信心。不要期望在短期内将成绩提高上去，有的同学往往努力学习一两周，结果发现成绩提高不大，就失去信心，从而厌恶学习。持之以恒地努力，一个一个小目标的实现，是实现大目标的开始。

● 及时奖赏自己

在学习的过程中每取得一个小的成功，就进行自我奖赏，达到什么目标，就给自己什么样的奖励。

①有小进步，实现小目标则小奖赏，如让自己去玩一次自己想玩的东西；

②有中进步，实现中目标则中奖励，如买一本自己喜欢的书画或玩具等；

③有大进步，实现大目标则大奖励，如周末旅游等。

这样通过渐次奖励来巩固自己的行为，有助于产生自我成就感，不知不觉就会建立起直接兴趣。

● 十万个为什么

保持兴趣的最容易的方法是不断地提问题。当我们为回答或解答一个问题而去读书时，我们的学习就有了兴趣。

例如：学习阿基米德定律时，我们可以问：阿基米德定律的内容是什么？它是怎样发现的？怎样证明它的结论是对的？它的公式是什么？使用它应注意什么问题？我能否用其他的办法推出？为了回答这些问题，一开始我们强迫自己详细看下去，但是，一旦我们真正地往下看，我们就会被吸引住。

心灵自助

一位从小拥有优异的运动天分的阿信，在偶然的机缘下深深地被体操吸引，逐步踏进了体操的世界，不过在母亲的反对下，阿信黯然退出。现实的残酷让他不幸误入歧途，在荒唐岁月中迷失自我，直到他决心重新追寻梦想，在朋友与家人的鼓励之下，阿信抓紧人生最后一次翻身的机会，朝跳马台飞奔而去，翻上天际……

阿信说：“蹲下是为了跳得更高”、“如果看到彩虹你会想去追，那说明我们是同一类人。”

——电影《翻滚吧！阿信》

魔法心语

爱好出勤奋，勤奋出天才。兴趣能使我们的注意力高度集中，从而使得人们能完善地完成自己的工作。

——郭沫若

珍惜每一分钟

唐代伟大的书法家颜真卿在《劝学》说道："三更灯火五更鸡，正是男儿读书时。黑发不知勤学早，白首方悔读书迟。"这就告诉我们小时候要珍惜时间好好学习，充实自己，不然到老了就后悔莫及了。亲爱的孩子，你可知道，时间是上天赐给我们的代金券，我们要用这代金券买我们最喜爱的东西，而不是让它白白地过期。你准备好了如何使用你的代金券了么？

成长烦恼

小明在镇上一所初中上学，回家要坐一两个小时的汽车，还要走上一段山路，为了节约时间，小明上初中后就开始了住校生活。初中的学习科目比小学多了几门，刚开始小明就有点不适应了，为了赶上老师的进度，提高学习效率，小明决定给自己制定一个时间表，还调好了闹钟。

时间表如下：

06:50–07:10 起床（换衣服、刷牙、洗面、梳头、装水）

7:10–07:30 快速吃早餐

7:30 上学

12:30–2:00 午饭和午休

晚饭后 –20:30 完成作业，复习和预习，整理好书包

20:30–21:30 锻炼（要坚持）

21:40–22:10 冲凉，折叠好自己的衣服，衣橱要保持整齐

22:20 上床睡觉

刚开始执行这个时间表时，小明就问题迭出。

他在 06:50 的时候虽已起床，可是眯着朦胧的眼睛，睡意犹存；穿个衣服穿大半天，等洗漱好就到该上学的时间了，手里拿着早餐冲出了门；下午放学就和同学一起聊天，聊得兴起一群人跑去学校的后山上玩，等到回学校时已经精疲力竭了，匆匆拿起笔写作业，又不知不觉地玩起了笔，脑海中回荡的都是下午和同学玩乐的画面；等他猛然发觉时，已经快到熄灯时间了，可是还没预习课文、没背古诗、没洗衣服呢！

小明心烦意乱，不禁思考：我的时间都溜到哪去了呢？

时间就像海绵里的水，能够真正把它挤下来的人，不仅要学会用力，还要学会持续地用力。“持续”是最难的自律，“自律”是时间最好的朋友。

读心课堂

亲爱的孩子，节省时间；也就是使一个人的有限生命更加有效，这也等于延长了人的生命。

● 时间需要管理吗？

心理学家告诉我们时间也是需要管理的。所谓时间管理，是指用最短的时间或在预定的时间内，把事情做好。

善于利用时间的人不会把时间花在需要的事情上，而会花在值得的事情上。时间管理当中最有用的词是“不”。要知道，做一件事情实际花费的时间往往会比预期的时间多一倍。如果我们一天做一件事情，那么我们会花一整天去做；如果我们让自己一天做两件事情，我们也会完成它们；如果我们让自己一天做 12 件事情，则会完成 7 ～ 8 件……数字往往会揭示一些人们意想不到的真相。

我们来看一组数据，如果一个人每天自学 1 小时，一周 7 小时，一年 365 小时，一个人 3 ～ 5 年就可以成为专家。如果一个人的桌上乱七八糟，那么他平均每天会为找东西花 1 个半小时，每周要花 7 个半小时。

这些数据是否令你感到吃惊？

● 你会管理你的时间吗？

首先，先测试一下你的时间管理能力吧！在适合你的选项的括号内打勾，要如实回答哦！

1. 我在每学期开始的时候为自己制定一学期的学习和生活计划。

总是这样（ ） 有时这样（ ） 从不这样（ ）

2. 我在课余时间不感到无所事事。

总是这样（ ） 有时这样（ ） 从不这样（ ）

3. 我把自己的东西摆放得井井有条。

总是这样（ ） 有时这样（ ） 从不这样（ ）

4. 我做事情时能坚持到底。

总是这样（ ） 有时这样（ ） 从不这样（ ）

5. 我在做事时不容易受到其他事情的影响。

总是这样（ ） 有时这样（ ） 从不这样（ ）

6. 我能有条理地完成自己该做的事情。

总是这样（ ） 有时这样（ ） 从不这样（ ）

7. 我能分清什么是眼前最该做的事情。

总是这样（ ） 有时这样（ ） 从不这样（ ）

8. 我能够做到及时地反思自己利用时间的情况。

总是这样（ ） 有时这样（ ） 从不这样（ ）

9. 我每天都能按着自己的计划进行学习和娱乐。

总是这样（ ） 有时这样（ ） 从不这样（ ）

10. 我每次在做事之前都提醒自己要在尽量短的时间之内保证质量地完成。

总是这样（ ） 有时这样（ ） 从不这样（ ）

11. 我每时每刻都知道自己应该做什么事情。

总是这样（ ） 有时这样（ ） 从不这样（ ）

12. 我每天都能够按时起床。

总是这样（ ） 有时这样（ ） 从不这样（ ）

13. 我认为自己做事情效率很高。

总是这样（ ） 有时这样（ ） 从不这样（ ）

14. 我在任何时候都不感觉自己无事可做。

总是这样（ ） 有时这样（ ） 从不这样（ ）

15. 当完成一件事情有困难时，我不会为自己找借口说："明天再做吧。"

总是这样（ ） 有时这样（ ） 从不这样（ ）

16. 我从不同时做几件事，因为这样哪件事也做不好。

总是这样（ ） 有时这样（ ） 从不这样（ ）

17. 我从未因为顾虑其他事情而无法集中精力来做目前该做的事。

总是这样（ ） 有时这样（ ） 从不这样（ ）

18. 我从未在每天放学回家时感觉精疲力竭却感觉一天的学习没完成。

总是这样（ ） 有时这样（ ） 从不这样（ ）

19. 我不认为没有时间做自己喜欢的事。

总是这样（ ） 有时这样（ ） 从不这样（ ）

20. 我每隔一段时间便检查一次计划完成的情况。

总是这样（ ） 有时这样（ ） 从不这样（ ）

解读自我：

选"总是这样"记 2 分，选"有时这样"记 1 分，选"从不这样"记 0 分。那么你的总得分是多少呢？你又是个怎么样的时间管理者呢？来自我解读一下吧！

0 ～ 15 分：说明你管理自己时间的能力还有待提高，需要从计划性、坚持性、合理性、反思性等多个方面来提高自己的时间管理方法和能力。

16 ～ 30 分：说明你具备较好的时间管理能力，但是在有的方面还有待提高，请分析自己平时的表现和本次小测验得分情况，看自己哪些方面还需努力。

31 ～ 40 分：说明你具备较好的时间管理能力和方法，只要坚持下去一定会收到良好的效果。

亲爱的孩子，你的时间管理水平怎样呢？是否达到理想水平了呢？如果没有，那么我们又要怎样珍惜有限的时间呢？

虽然我们不能让时间停止，但是我们却可以把握时间，好好利用时间。来学习以下几个惜时的小绝招吧！

● 四象限规则

时间四象限根据时间紧急和重要程度，将时间分为：既紧急又重要、重要但不紧急、紧急但不重要、既不紧急也不重要四个“象限”。按其规律，可以给出这样一个处理的指导意见：

①第一象限的事情要马上去做；

②第二象限的事要安排好计划去做；

③第三象限的事是授权别人去做；

④第四象限的事是尽量不要做。

● 令行禁止

对于制定好的计划，要坚决地执行下去，不要磨磨蹭蹭。人总是有拖拉的习惯，俗称“磨洋工”。这些小行为总是一点一点地在蚕食我们的时间。可别小看了这一点点，正所谓：千里之堤，毁于蚁穴。所以我们要坚决改掉这些拖拉的行为。

比如说好了6:00起床，闹钟一响，就必须从床上蹦起来，然后立刻洗漱。说到做到，绝不为自己找借口。慢慢地就能养成做事干脆利索的好习惯，就能节省好多时间。

● 为所当为

有人说过，人生充满了诱惑，所以人生都在选择中度过。人们总是觉得想要做的事情太多了，时间根本不够。因此该做的，必须先做完。在面对各种各样的诱惑的时候，我们要时刻记住我们应该干什么。

比如放学后，面对着玩乐、聊天等各种诱惑时，我们要记得还有作业没写，要写完了作业才能去玩。这样，把该做的事情都做好了，玩才能玩得开心；如果先玩了再来做事情的话，恐怕一不小心就玩过头了，没时间做事了。

● 积少成多

一天之中，是有许多闲碎时间的。如果我们能好好利用起来，就能积少成多。我们可以这样做哦！

①早上洗漱完毕，在食堂排队拿早餐时，可以想想今天要完成的事情；晚上睡觉前，可以抽几分钟回忆一下老师一天所讲的课程。

②在等公交车和坐车的时候可以听听英语或是英文歌曲，甚至上厕所的时间都可以加以“利用”一番。

……

总之，一切闲散的时间都是可以利用的。这样就能比常人多拥有很多时间。这样不仅学习成绩有保证，还能抽出时间来更疯狂地玩。

心灵自助

去的尽管去了，来的尽管来着；去来的中间，又怎样地匆匆呢？早上我起来的时候，小屋里射进两三方斜斜的太阳。太阳他有脚啊，轻轻悄悄地挪移了；我也茫茫然跟着旋转。于是——洗手的时候，日子从水盆里过去；吃饭的时候，日子从饭碗里过去；默默时，便从凝然的双眼前过去。我觉察他去的匆匆了，伸出手遮挽时，他又从遮挽着的手边过去，天黑时，我躺在床上，他便伶伶俐俐地从我身上跨过，从我脚边飞去了。等我睁开眼和太阳再见，这算又溜走了一日。我掩着面叹息。但是新来的日子的影儿又开始在叹息里闪过了。

——朱自清《匆匆》

魔法心语

纵观古今中外一切成大事者，无一不惜时如金。古书《淮南子》有云：“圣人不贵尺之璧，而重寸之阴。”唐末王贞白《白鹿洞》诗中更有“一寸光阴一寸金”的妙语。劝君善待时间，善待自己。

为自己设定目标

梦想，是垒生双翼霞做衣袂，天堂里，翩翩起舞；梦想，是振翅的鸟儿，摘一片蔚蓝在胸口，与云朵追逐嬉戏；梦想，随风游荡，融化进阳光的温暖里，融化进大地绿色的血脉里，流淌在山涧淙淙的小溪里。亲爱的孩子，为自己设定一个目标，那样，或许就会离我们的梦想更近，也就会飞得更高。

成长烦恼

眼看着就要小学毕业了，六年级三班的同学今天上了一堂有意义的班会课，主题是："小溪的对岸是什么？"刚说完这个题目，同学们就开始议论纷纷了，对这么一个诗意的题目大家都有些不解，唐老师见机道出了开场白：

"人生是一场奇妙的旅程，没有后退，只有前进，在时间的长河中，我们踏踏实实地往前迈进，每过一条小溪就代表我们度过了人生的一个阶段。你们马上就要升入初中了，即将打开人生的另一个章程，你们希望，小溪的对岸是什么？"

"我希望有好多鲜花。"

"我希望我可以瘦一点。"

"我希望我初中能有好成绩。"

"我希望初中的作业少一点。"

……

同学们争先恐后地回答，唐老师听了乐得合不拢嘴："听了同学们的话，我发现大家都有自己的小期待，那我们该如何去接近我们的目标呢？"

听了老师这一番话，小泽心里暗自想到：我希望我能够就读镇上的初中，这样爸爸妈妈每次回家，我就能去镇上的公交车站接他们了，还能在第一时间内看到他们。想到这里，小泽喜上眉梢，情不自禁地笑出声来。

小泽的爸爸妈妈在外打工，大概每一两个月回家一次，小泽总盼望这天的到来，也愿意为之付出十倍的努力。可是只有成绩优异的同学才有去镇上读书的可能性，成绩平平的自己又该如何圆梦呢？

下课后小泽跑到办公室，他真心希望得到老师的指点，在大目标下建立一个个小目标，一步步地走到小溪的对岸去。

读心课堂

亲爱的孩子，有了目标，就会忘记一路的辛苦，哪怕道路再曲折，也要迂回前进，再苦再累也在所不辞。

● 我们为什么要为自己设定目标呢？

心理学家曾经做过这样一个实验：组织三组人，让他们分别向着 10 里以外的三一村子进发。

第一组的人既不知道村庄的名字，也不知道路程有多远，只能跟着向导走。刚走出两三公里，就开始有人叫苦；走到一半的时候，有人几乎愤怒了，他们抱怨为什么要走这么远，何时才能走到头，有人甚至坐在路边不愿走了；越往后走，他们的情绪也就越低落。

第二组的人知道村庄的名字和路程有多远，但路边没有里程碑，只能凭经验来估计行程的时间和距离。走到一半的时候，大多数人想知道已经走了多远，比较有经验的人说：“大概走了一半的路程。”于是，大家又簇拥着继续向前走。当走到全程的四分之三的时候，大家情绪开始低落，觉得疲惫不堪，而路程似乎还有很长。当有人说：“快到了。”大家又振作起来，加快了行进的步伐。

第三组的人不仅知道村子的名字，路程，而且公路旁每一公里就有一块里程碑。人们边走边看里程碑，每缩短一公里大家便有一小阵的快乐。行进中他们用歌声和笑声来消除疲劳，情绪一直很高涨，所以很快就到达了目的地。

心理学家得出了这样的结论：当人们的行动有了明确目标的时候，并能把自己与目标不断加以对照，进而清楚地知道自己的行进速度和目标之间的距离，人们行动的动机就会得到维持和加强，就会自觉地克服一切困难，努力达到目标。即：伟大的目标构成伟大的心灵，伟大的目标产生伟大的动力，伟大的目标形成伟大的人物。

如果一个人缺乏人生的目标，就像东飘西荡的水上浮萍，缺乏自己前进的方向，缺乏自己生活的意义，缺乏自己存在的价值。不知道自己想获得什么，也不知道为什么而活着。其实世上没有懒惰的人，只有没有目标的人。世界上最可怜的人，就是没有目标的人。因为连“梦想”都没有，你还想拥有些什么呢？

那么怎样才能设定一个适合自己的目标呢？

心法秘籍

亲爱的孩子，目标是人生的希望，没有它，人生就会陷入迷茫和困惑。那么如何制定我们能力范围之内的目标呢？

● 请做一个美梦

每个人都有过做梦的经历，梦中我们变成了自己想要成为的那种人，过上了期待已久的生活。想成为主持人、作家、建筑家、老师……但请注意，你在为自己做这个梦时，最好冷静下来，想清楚自己的梦想，把它设为你的终极目标，那接下来你就该有更细致、更近期的目标了。

比如：想当一名老师是你的终极目标，那么你的短期目标是什么？你又要如何分配呢？

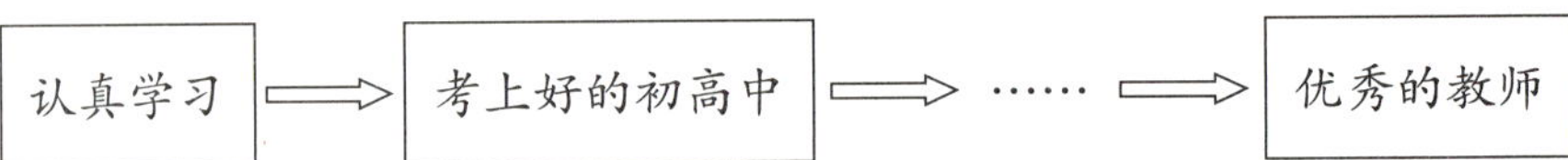

● 选择自己喜欢的

兴趣是最好的老师，既然是你要付出汗水才能达到的目标，就应该是你自己喜欢的，面对失败、挫折、寂寞，你仍然充满热情，不屈不挠。因为那是你真正想要的。

● 行动起来

有人说我已经设定了目标，可仍然是遥遥无期的梦想。那是因为，这些目标没有被足够详细地定义，并且这些目标没有相应的行动。小泽的目标是考上镇上的初中，那么就可以搜集这所学校的要求，衡量自己还差多少可以达到，哪一方面有可能影响自己升学，接着查漏补缺，一点一滴地行动起来。

● 时间是宝贝

时间是不会等人的，当你设定了目标后，就要开始与它赛跑，今天应该完成的就不要拖到明日，明日何其多啊！若用法得当，时间是会给你惊喜的，否则，你的梦想永远都只是梦想。

心灵自助

是男儿总要走向远方，
走向远方是为了让生命更辉煌。
走在崎岖不平的路上，
年轻的眼眸装着梦更装着思想。
不论是孤独地走着还是结伴同行，
让每一个脚印都坚实而有力量。
我们学着承受痛苦。
学着把眼泪像珍珠一样收藏，
把眼泪都贮存在成功的那一天流，
那一天，哪怕流它个大海汪洋。
我们学着对待误解。
学着把生活的苦酒当成饮料一样慢慢品尝，
不论生命经过多少委屈和艰辛。
我们总是以一个朝气蓬勃的面孔，
醒来在每一个早上。
我们学着对待流言。
学着从容而冷静地面对世事沧桑，
“猝然临死而不惊，无故加这而不怒”，
这便是我们的大勇，我们的修养。
我们学着只争朝夕，人生苦短，道路漫长，
我们走向并珍爱每一处风光，
我们不停地走着，
不停地走着的我们也成了一处风光。
走向远方，
从少年到青年，

从青年到老年，

我们从星星走成了夕阳。

——汪国真《走向远方》

魔法心语

不要艳羡超越者，反观那些溺水的，不被淹亡就是一种幸运；不要嘲讽后来者，可能明天太阳升起的时候，他已经逆流而上。不管置身何处，都要往好处想，往前方看，往目标靠近，然则不枉此生。

第六篇　把留守变成你的财富

如果说留守的日子是那破旧的花架，但也会因为我们的坚强意志，变得繁花似锦，光艳夺人；如果说留守的日子是那漆黑的夜空，但也会因为我们的勇敢坚韧，变得繁星闪烁，熠熠发光；如果说留守的日子是那贫瘠的土地，但也会因为我们的执著和理想，变得葱葱郁郁、油油翠绿。谁说留守的日子是一场不战而败的竞赛？谁说留守的我们是不堪一击的弱势？我们偏要撕掉那贴在我们身上的标签，勇敢地站起来，未来的路上也有属于我们的一片光明和希望。

不经历风雨怎么见彩虹

坚强是人们心灵的壳，维护着你的脆弱。人生的路上，你只有咬紧牙关，用脚步丈量路途，用汗水辉映阳光，管它山高水远路长，前面就是心的方向。那些真正意识到自己力量的人，他们永不言败！对于一颗意志坚定、永不服输的心灵来说，永远不会有失败；他跌倒了再爬起来，即使其他人都已退缩和屈服，而他永远不会！

成长烦恼

春节前，算好了父母回家的日子，杨章宇像往年一样把家里打扫得干干净净，坐在堂屋里等着父母回来，因为他听爷爷说，爸爸妈妈会在这一天回来盖新房子。章宇太高兴了，他盼呀盼，就等着父母快点回家，只要想到晚上就可以和父母一起睡了，他的嘴角就忍不住地上扬起来。

可是，那一天爸爸妈妈没有回来……

一遍遍地期待又一遍遍地落空，章宇感觉到自己的心在一点一点地变凉，感觉到爸爸妈妈好像不爱自己了，如果爱孩子他们怎么不回来呢？妈妈打电话的时间也变少了，每次都好像很匆忙，问了杨章宇生活、学习的事情就说："爸爸妈妈一定会找时间回家看章宇。"而且杨章宇发现爸爸也已经好久没有给他打过电话了。

家里的气氛好像也变了，自从那一次爸爸妈妈没有回家，爷爷就经常会坐在门槛上叹气，也没有再听到爷爷说起盖新房子的事。章宇不知道怎么回事，但总觉得哪里不对劲，有点怪怪的。

三月开学的时候，章宇的姑姑打工回来了，她给章宇带来了父母买给他的衣服零食，也给章宇带来了爸爸车祸的消息。原来，在回家前一天，爸爸忘记了连续加班熬夜的疲劳，骑着摩托车出门遇上车祸腿骨折了，他只是为了

给儿子买点礼物回家。

听到这个消息，章宇的心从来没有如此的伤痛过，想起爸爸妈妈憔悴的脸、背井离乡辛劳的奔波只是为给儿子创造一个更好的未来，对爸爸妈妈的责备、怨言此刻都变成了深深的自责和强烈的思念。

这天，章宇给爸爸打了一个很长很长的电话，写了一封很长很长的信，突然间他觉得自己长大了，变成了一个男子汉，他的双肩已经开始能够为父母分担责任了。

亲爱的孩子，在生活中，我们总会遇到风雨、泥泞，但是雨过总会天晴，相信这世上没有过不去的山，也没有趟不过的河。

读心课堂

亲爱的孩子，生活总会充满磨难和不如意，不经历风雨的洗礼又怎么会见到最美的彩虹，不要退缩，不要放弃，用坚强的意志和毅力，迎接风雨的挑战。

● 面对生活的无奈，该怎么选择？

当我们还小的时候，父母就背起行囊踏上了外出打工的路，那时候我们还不懂为什么爸爸妈妈会狠心地抛下我们离开。现在我们长大了，开始明白了爸爸妈妈的心，可是我们还都只是孩子，依旧会感到孤独、伤心，可我们改变不了什么，除了无奈和忍受，这才明白这就是生活。我们该怎么面对没有父母疼爱呵护的未来的日子。不要害怕，不要逃避，更不要放弃，坚强起来，坚强的意志能使人坚定正确的人生方向，走出痛苦和失败的阴影。要相信，“天将降大任于斯人也，必先苦其心志，劳其筋骨，饿其体肤”，只有经过大的挫折和磨难的人，才会有大的作为。用微笑迎接每一天初升的太阳吧。

● 坚强的意志有什么意义呢？

心理学家根据人们成就的大小，分为“有成就组”和“无成就组”进行比较，发现两组间最大的差异在于意志品质方面。具有较大成就的人，对事业有忘我的献身精神，执著地追求自己的目标，即使遇到多次重大挫折仍不动摇。而“无成就组”的人，因为意志薄弱，在困难面前畏缩不前，消极地等待良好环境和机遇。

心理学家由此得出结论：人们能够取得事业上的成功，在很大程度上并不取决于人的智力和客观环境，而是取决于是否具有坚强的意志。成功的大门向每一个人敞开着，但是能否取得成功，关键在于你是否具有坚强的意志。

如果不相信自己的意志力，在遭遇困难时，人们很容易感到疲劳，并产生厌倦情绪。相反，意志力顽强的人则更有自信，认为自己的能量不会耗竭，这种信念会使他们的精力更旺盛，从而带来成功。

心法秘籍

居里夫人曾经说：“我从来不曾有过幸运，将来也永远不指望幸运……我激励自己，我用尽了所有的力量应付一切，我的毅力终于占了上风。”那么怎样培养我们的坚强意志呢？

● 下定决心

美国罗得艾兰大学教授詹姆斯·普罗斯把实现某种转变分为四步：

①抵制——不愿意转变；

②考虑——权衡转变的得失；

③行动——培养意志力来实现转变；

④坚持——用意志力来保持转变。

● 性格缺陷大搜捕

在你的家庭里是父母支配一切呢，还是你是家里的小公主、小皇帝而受百般宠爱呢？你可知道，这些教育方式会使我们产生哪些具有缺陷的性格呢？现在就对你的性格缺陷进行一场大搜捕吧！

①家长支配一切：自卑怯懦和恐惧心理、缺乏自主和自信。

②小皇帝：缺乏独立精神、自高自大、怯懦、固执、不能吃苦耐劳。

你是哪一种呢？我们又该怎么克服这些性格上的缺陷呢？

____

____

____

● 锻炼因人而异

在上面的搜捕行动中你是否已经找到了自己的性格缺陷呢？那么下一步就要着手进行修补了！当然要针对不同的特点采取不同的锻炼方式啦。

①自卑的“小老鼠”：不妨多做一些自己擅长且感兴趣的事，如画画、写作、运动。从中发现自己的优点，大声地告诉自己：“我也一样可以！”

②娇贵的“金丝鸟”：自己的事情自己做吧，尝试自己洗衣服、刷碗、做家务，要知道，无论多么微小的事，都尝试着自己做吧。

你的性格缺陷是什么？你会怎样克服它们呢？在这里记录下来吧！

我的性格缺陷？ ____________________________ 如何克服？ ____________________________

● 再试一次

无论你在做什么，无论你失败了多少次，跌倒了多少次，告诉自己“再试一次！”别那么轻易就放弃了，坚持和执著下去，或许，再试一次，你就离成功又近了一大步。

心灵自助

在我心中曾经有一个梦
要用歌声让你忘了所有的痛
灿烂星空谁是真的英雄
平凡的人们给我最多感动
再没有恨也没有了痛
但愿人间处处都有爱的影踪
用我们的歌换你真心笑容
祝福你的人生从此与众不同
把握生命里的每一分钟
全力以赴我们心中的梦
不经历风雨怎么见彩虹
没有人能随随便便成功
把握生命里每一次感动

和心爱的朋友热情相拥
让真心的话和开心的泪
在你我的心里流动

——《真心英雄》

生活就是如此，有风有雨，要想实现自己的理想，达到自己的目的，就需要坚强的意志，顽强的精神，克服前进道路上的一切困难。这样，就没有什么不可能的。

魔法心语

并不是每一次不幸都是灾难，早年的逆境通常是一种幸运。与困难做斗争不仅磨砺了我们的人生，也为日后更为激烈的竞争准备了丰富的经验。逆境和苦难常常能锻炼人们的意志，一旦具备了像钢铁一般的意志，成功对于他们而言，也是理所当然的事情了。

做勇敢的少年

未来有泪也有笑，有挫折也有成功，我们无法得知，或许明天有灿烂的阳光，又或许有太多的悲伤，你需要的是勇气，让坚强做主，让勇气同行，坚信明天依然有辉煌！要像勇敢的海燕，无视暴风雨的挑衅；要像那无边无际的大海，把自己的波澜壮阔献给世间！勇气是什么？勇气是面对困难的无所畏惧；是面对敌人的沉着冷静；是面对错误的深刻反省；是面对名利的淡泊宁静；是面对诱惑的气定神闲。

成长烦恼

丫丫住在偏远的村子里，每天上学都要走二三里的路。最初丫丫都会和村子里年长的哥哥们一起上学放学，可是因为丫丫是学前班的，要提前一个小时下课，所以每次都要等哥哥们放学后她才能跟在他们的屁股后回家。

为了能早点回去割猪草，丫丫决定自己一个人提前回去。那条上学的路，要经过一片竹林，然后是一段长长的河边路，接着是一段小路，最后还要经过一条公路，才能到达学校。对于一个只有九岁的孩子来说，独自走这样长的一段路，委实让人担心。

可是丫丫的阿爸和阿妈已经外出打工，阿婆和阿公要干农活，再怎么担心，最后也只是心有余而力不足，除了千万遍的叮嘱外，再无实质性的帮助。相较于同龄人，丫丫懂事很多，放学后就直接回家，从不让阿公阿婆操心。

纵使心智再成熟，丫丫还只是一个孩子，当她一个人行走在竹林小路时，风吹过竹林沙沙作响，那声音总是让她感到害怕，她拼命地奔跑，希望可以将恐惧远远地甩在后面。终于走出竹林，刚想松口气时，村头几只狼狗的狂吠再次增添了丫丫的恐惧，于是丫丫再一次奔跑起来。这一刻她多么希望父母就站在自己的面前，她跳起来就可以挂在他们的脖子上，将小小的身体缩在

他们温暖的怀抱里。

上六年级后，因为晚上自习的原因，丫丫每天要来回走六次。每天的夜路就是丫丫的噩梦，每天她都会吓得哭着回家，可是就算这样也要一直走下去。

亲爱的孩子，没有父母的漆黑夜晚，你是否也感到恐惧？丫丫难道没想到过放弃吗？生活在前方，漆黑在背后，但路，在你的脚下。抛下恐惧甩开黑暗的人，一定可以看见光明！在你决定放弃的时候，再勇敢一点，哪怕一丁点！

读心课堂

亲爱的孩子，做勇敢少年，才能鼓足勇气去面对生活和未来。那么什么才是真正的勇敢呢？在你的成长中勇敢又有什么意义呢？

● 什么是勇敢呢？

心理学家阿德勒对勇敢的界定是：在困难当头仍冒险前行的意志。勇敢更是促进我们个人幸福感与改善世界的动力，我们需要勇气以面对害怕、克服自身的不适与缺陷、彼此关心、忍受痛苦，以及帮助我们与自己、家人、社会及全人类和谐共处。阿德勒认为“工作、爱与友谊”三项生命任务中，勇敢是了解与锻炼心理健康的主要推力。

● 勇敢的价值所在是什么呢？

心理学家研究发现，婴儿生来惧怕的东西有两种：一种是怪而大的声音；一种是身体失去支持而跌倒。其他的惧怕心理如胆小、退缩、惧怕等都是后来养成的。因此我们要想消除惧怕心理，就要注重培养自身的勇敢品质哦！

甘地夫人认为，生活中有幸福，也有坎坷。应该让孩子勇敢地面对挫折，养成勇敢的精神，鼓励孩子勇敢地独立面对困难。当孩子充分地感受到挫折带来的痛苦体验时，才会激发他们考虑如何解决问题、克服困难。当勇敢面对困难挫折的思想不断被强化时，孩子就会在挫折情境中由被动转为主动，从而战胜困难。这不但能使孩子在今后的人生道路上可以走得更加平稳，也有助于儿童更好地面对不断出现的打击和挫折。这就是著名的甘地夫人法则。

人生常常遇到许多难题，做一个勇敢的人不是一件易事。勇敢不能遗传，人并非天生就具备勇敢的品质。勇敢的获得需要培养，需要锻炼，是在生活的基础上一点一点积累起来的。

其实每个人都蕴含着无穷的力量，你应该相信自己的力量，勇敢起来，你就可以变得很强大。

那么怎样才能做一个勇敢的孩子呢？

心法秘籍

歌德曾说：你若失去了财产——你只失去了一点，你若失去了荣誉——你就丢掉了许多，你若失去了勇敢——你就把一切都丢掉了。那么，要怎样培养自己的勇敢品质呢？还是看看心理学博士怎么说吧！

● **找寻问题的根源**

要了解分析我们胆小、惧怕心理产生的原因，然后视具体情况予以解决。尝试写下你惧怕的事物，然后找寻原因，逐个解决它们吧！例如：

①在人面前说话，显得十分胆怯 ⟶ 过去说错了，大人们“嘲笑”过我

②害怕某种小动物，例如，怕公鸡 ⟶ 是因为公鸡啄过我的身体。

③＿＿＿＿＿＿＿＿ ⟶ ＿＿＿＿＿＿＿＿

● **经受锻炼，培养勇敢品质**

怎样在日常生活中得到锻炼呢？不妨从这些小事做起吧！

①摔了跤或有了轻微的伤病，不哭。

②同伴间发生纠纷，不哭。

③敢于在集体面前说话、表演；敢于参加力所能及的劳动。

④不怕黑暗，能一个人在房间里睡觉。

⑤能努力克服困难，坚持完成任务等。

⑥敢于自留家中。

● 自信首当其冲

缺乏勇气的人的最大心理障碍在于自卑，从现在开始，摒弃“我不行”“我恐怕干不了”“如果弄糟了多丢人”这些阻挡你前进的想法。克服自卑的最好训练方法就是用实际的行动去证明你的能力，建立起充分的信心。

● 富于冒险精神是勇敢者的鲜明特点。

软弱的人总是安于现状，墨守成规，碰到事情总要想前人怎么做、别人怎么做，很少想自己怎么做，然后依葫芦画瓢，丝毫没有创造性。要想做一个勇敢的人，就必须有冒险意识，勇于破除传统，敢于改革创新，做“第一个吃螃蟹”式的英雄。

● 沉着、冷静是勇敢者的形象

紧急关头慌张、忙乱本身就是怯懦的表现；而沉着、冷静、遇事不慌、处变不惊，才能做到急中生智，从而克服困难、排解险情。这时，冷静恰是勇敢的表现。

心灵自助

蒙田曾说：在全部的美德之中，最强大、最慷慨、最自豪的，是真正的勇敢。希望下面这首《勇敢的心》可以带给你生活的勇气，做一名勇敢少年。

那时，季节如花悄然绽放芬芳的情愫，
生活演绎着生命，汇聚成心灵的画意，
斑斓的色彩凝固定格，
瞬间幻化成永恒。
我将皎洁的月光洒向人丛，
我将璀璨的珠宝扔掷给众生，
我将春天的花香沁入你熟睡的梦中。
一颗勇敢的心

飘向梦的彼岸，

这是一只野性的鸟在蓝色的天空里飞翔，

这是一尾自由的鱼在暗礁汹涌的海底畅游，

我注定在诗歌里等待，

等待

启明星留在东方光明的追吻，

每个黎明来临的时刻，

勇敢的心，

燃烧着为你盛开的绚烂焰华。

——《勇敢的心》

如果你是一个电影爱好者，可以欣赏一下电影版《勇敢的心》，它主要讲述了苏格兰起义领袖威廉·华莱士与英格兰统治者不屈不挠斗争的故事。相信这部电影同样会带给你心灵上的震撼。

魔法心语

成功的人，都有浩然的气概，他们都有是大胆的，勇敢的。他们的字典里，是没有“惧怕”两个字的，他们自信自己的能力是能够干一切事业的，他们自认自己是个很有价值的人。

信念是一切奇迹的起点

生活就如浩瀚的大海，有风也有浪。有时足以使人惊心动魄，无所适从；有时甚至会让我们丧失生活的勇气。在生活大海里驾驶人生小舟的人们，就一定要与信念同行，信念就如光焰，当阴霾蔽日之时，指引我们奔向光明的前程；当我们踯躅于人生迷宫之时，它像火把一样，带我们走向坦途，带给我们勇于迎战恶浪的从容与镇定，锻铸你在失败中重新崛起的壮志和在路途中抵制各种诱惑的品质。

成长烦恼

丫丫总是很喜欢一个人去山上寻找四叶草，因为妈妈说四叶草是人们的幸运草，只要找到它就可以拥有幸运，可以实现自己的愿望。所以每次考试前，丫丫都会跑到山上找四叶草，然后把它夹在书本里，祈祷自己可以考个好成绩。

这样的祈祷次次都能应验，每次测验，丫丫都能考班里的前几名，年年都被评为“三好学生”。渐渐地，四叶草的奇特力量就成了丫丫心中坚不可催的信念，在她心里，只要有四叶草，就一定会考好成绩。

可是，最近丫丫的成绩却急速下滑，甚至连考试都不敢参加。原来，是高年级的孩子们看到丫丫在找四叶草，就笑话她很幼稚，居然相信四叶草这种东西。

为了证明自己是对的，丫丫跑去找老师问：“老师，您也相信四叶草是可以带来幸运的，对吗？”

老师笑着说：“傻孩子，四叶草的故事，只是个传说而已。”听完老师的话，丫丫仿佛听到了城墙坍塌的声音，轰的一声，心中一直坚守的信念就这样被摧毁了。脑海里反复出现一句话，原来四叶草不能带来好运。

从那以后，丫丫再也不相信四叶草可以给自己带来好运了，也再也不相信自己可以考好成绩了，就这样，丫丫的成绩落后到班里的最后几名。

亲爱的孩子，你知道吗？不是四叶草没了幸运的魔力，而是你的心没有了成功的信念。无论四叶草在不在，只要你的信念在，一切你曾拥有的、你想拥有的，就都在。

读心课堂

亲爱的孩子，信念是一切奇迹的起点，但是不合理的信念往往会导致我们偏离正常轨道，那么生活中又有哪些不合理的信念呢？

● 信念对于你有哪些影响呢？

信念往往驱使一个人创造出难以想象的奇迹。信念是始动力，能够产生把你引向成功的无穷力量。即信念对于一个人的成功与否有着重要的决定作用。

心理学家指出人的许多不良情绪和疾病都是由不恰当的信念导致，总是怀疑自己有病的人其身体就会处于消极状态，身体防御系统的积极活动会受到抑制，从而降低对疾病的抵抗能力。另外，信念还关系到人衰老的速度。始终坚信老之不至，童心常在，心情平静愉快，必将会推迟衰老过程。

● 生活中常见的不合理信念有哪些呢？

心理学家艾利斯总结了人们的 11 条不合理信念，看看自己是不是也有过其中几项呢？

1. 生活中，每个人都绝对需要其他人的喜爱与赞扬。

2. 人必须能力十足，至少在某方面有才能才是有价值的。

3. 坏的、邪恶的人，应该受到严厉的谴责与惩罚。

4. 事不如意是糟糕可怕的灾难。

5. 人的不快乐是外在因素引起的。

6. 对可能发生的危险与可怕的事情，应该牢牢记在心头，随时顾虑到它会发生。

7. 对于困难与责任，逃避比面对要容易得多。

8. 人应该依赖一个比自己更强的人。

9. 一个人过去的经历是影响他目前行为的决定因素，而且这种影响是永远不可改变的。

10. 一个人应该关心别人的困难与情绪困扰，并为此感到不安与难过。

11. 碰到的每个问题都应该有一个正确而完美的解决办法。

心法秘籍

你是否也存在几项不合理信念呢？为避免其影响你的情绪，我们应该怎样坚定自己的信念呢？当然，这里说的是合理信念哦！不妨尝试下面的建议！

● 转换一下角度，坚定合理信念

遇到问题的时候，提醒自己。改变观念认知，生活其实很美好，换个角度看，一切都会好起来的。调整好自己的心情，坚定合理信念。下面来做一个小暖身吧！

当你遇到学习困难时，你会怎样想呢？

①好难啊，还是别学了，反正也学不会。(×)

②好难，都怨爸妈不在家，没人教我，讨厌他们。(×)

③好难啊，不过只要我再多努力一下，肯定会弄明白的。(√)

④好难啊，不过这样更能激发我的斗志，我一定会学好的。(√)

● 为信念加分

有了合理的信念，就要有好的行动，只有付诸行动，信念的力量才会发挥到最强。放开手脚去做吧，“一切东西，只要你带着坚定的信念请求，就一定会得到。”

● 认可、肯定自己，不轻言放弃

增强自信能让自己更加坚定信念，达到目标。从心灵上确认自己能行，自己给自己鼓劲。只要有心理准备，你就不会为一点困难而退缩。始终告诉

自己："我可以！""我一定行！"

● **制定梦想计划**

我的梦想计划

____

____

____

根据你的信念和梦想，了解实现的过程要经历哪些，然后根据这个一步步地去实践自己的理想。为自己做一个详细的计划，然后坚定地去实现吧！

心灵自助

信念是一切奇迹和生命的起点，它是根脊梁，支撑着一个不倒的灵魂，它让人们的生活有了前进的动力。下面给大家介绍一部电影——《圣·拉尔夫 Saint Ralph》(2004)。希望这部温馨的电影可以给失意中的你带去希望和光明。

电影讲的是一个14岁的男孩相信他可以创造奇迹而坚定信念努力拼搏的故事。男孩的父亲去世，母亲昏迷在医院，似乎只有奇迹才能使其苏醒。男孩渴望创造奇迹唤醒母亲。一次长跑惩罚使他喜欢上了这项运动，并坚信如果能完成一项不可能完成的任务，比如赢得波士顿马拉松比赛，就能够唤醒母亲。他为此付出了艰辛的努力和拼搏，虽然最后他离冠军仅一步之遥，但他最终赢得了师长和同学的尊重，赢得了心仪女孩的热吻，同样也赢得了母亲奇迹般的苏醒。

奇迹每天都会发生。只要你坚定信念，相信信念会是一切奇迹的起点。那么奇迹就会发生。

魔法心语

信念的伟大在于即使遭遇不幸，亦能促使你保持崇高的心灵。坚定你的信念，向前冲吧！

——戴尔·卡耐基

家事国事天下事，事事关心

责任就像一张网，将人紧紧地困住，身在其中就好似笼中的兽，折翅的鹰，茧中的蚕。于是，便盼望着，盼望着有一天能冲出牢笼，自由自在，无拘无束。但亲爱的孩子，你可知道，没了责任束缚的人生，我们又怎么会有不畏艰难与挫折向前的不竭动力？又怎么会有所作为，真正地实现自己的人生价值？责任心，是一个人日后能够立足于社会、获得事业成功与家庭幸福至关重要的人格品质。一个坚强而成熟，勇敢承担自己的责任的人，才是时代所需要的。

成长烦恼

最近班里转来了一个小美女——天天，她每天都打扮得很漂亮，穿着漂亮的衣服和鞋子，在学校里就像是一只出众的白天鹅。所有的同学都以为她家里很富裕，都很羡慕她，人长得漂亮家世又好。但几天相处下来，却发现天天上课总是心不在焉，还经常旷课，很多同学私底下都在议论她。

后来同学们才知道，原来天天的家里也是住在农村，父母都在大城市打工，每天辛苦地工作供她读书，可是天天却不努力学习，经常逃课去游戏厅玩游戏。

因为每个月父母都给她充足的零用钱，天天就养成了花钱浪费的习惯，只顾自己享受，只想着吃好穿好玩好，根本不考虑父母劳动生活的艰辛以及学习机会的来之不易。爸爸妈妈为了惩罚天天，就让她从镇上的学校转到亲戚家附近的小学校，希望天天可以有所悔悟。

但天天总是理直气壮地对父母说："我想要的东西你们都能给我，就连我想不到的，你们都替我想到了，做到了。你们辛苦不就是为了我不辛苦吗？我还那么辛苦学习干什么？我只要享受你们给我的就可以啦！"

在学校里，每次班级的值日工作、义务劳动等公益活动，天天都会借故不

参加，今天肚子疼，明天胳膊疼。即使参加也是站在一边看别人干，怕脏怕累，还不停地对其他劳动的同学挑三拣四，指手画脚的。慢慢地，同学们都很反感她，不愿和她接触。

亲爱的孩子，像天天这样只要求父母为自己服务，满足自我各种需要，而不考虑他人，缺乏责任感的孩子，你是否愿意和她做朋友呢？你是否也像她一样呢？

读心课堂

亲爱的孩子，“一个没有责任感的人，因为找不到自己生命在社会中的地位与重要性，便会感到迷茫，失去创造的动力，并容易被其他一些物质的、轻浮的事物而吸引。”

● 责任感有什么意义呢？

责任是人的一种立足之本，是人们求生存求发展的重要能力。人有了责任感，才能具有驱动自己一生都勇往直前的不竭动力，才能感受到自我存在的价值和意义，才能真正得到人们的信赖和尊重。责任承载着能力，一个充满责任感的人，才有机会充分展现自己的能力。一个人的成功，来自于人们追求卓越的精神和不断超越自身的努力。“人生所有的履历都必须排在勇于负责的精神之后。”在责任的内在力量的驱使下，常油然而生一种崇高的使命感和归属感。

● 责任感创造奇迹

在这个世界上，但凡作出重大贡献的杰出人物，能够创造奇迹皆由其责任感使然，甚至这些人即使在自己并非最喜欢和最理想的工作岗位上，也可以创造出非凡的业绩。几年前，美国著名心理学博士艾尔森对世界100名各个领域中的杰出人士做了调查，结果证明其中61名竟然是在自己并不喜欢的领域里取得了辉煌的业绩。除了聪颖和勤奋之外，他们究竟靠的是什么呢？这些杰出人物的答案几乎不约而同：“任何的抱怨、消极、懈怠，都是不足取的。唯有把那份工作当做一种不可推卸的责任担在肩头，全身心地投入其中，才是正确与明智的选择。”正是在这种高度责任感的驱使下，他们才取得了令人瞩目的成就。

如果我们能真正钉好一枚纽扣，这应该比你缝制出一件粗制滥造的衣服更有价值。尽职尽责地对待自己的工作或是学习，无论自己的工作是什么，重要的是我们是否真正做好了自己的工作。

心法秘籍

责任心，是一个人日后能够立足于社会、获得事业成功与家庭幸福至关重要的人格品质。那么怎样才能培养我们的责任意识呢？

● A 或 B？

社会责任感强者可以概括为A类人，社会责任感弱者可以概括为B类人。下面来检验一下自己吧！你是 A 类人还是 B 类人呢？

A 类人	B 类人
积极参与值日工作、公益劳动	借故不参加劳动，或者只站在一边看别人干
立志成才、艰苦努力	一心追求金钱和物质享受，吃好穿好玩好就好
父母辛苦工作，我要努力回报	不努力学习，铺张浪费，只顾自己享受
集体宿舍中，打扫卫生，尽量保持安静	从不注意卫生，我行我素，大声喧哗
不付出就没有收获	总希望不劳而获

亲爱的孩子，要努力成为 A 类人哦，只有这样才是一个有责任感的好孩子。

● 家庭责任首担当

培养自身的责任意识，首先要从家庭做起，在家中做个好孩子，能自己做的事情自己做，父母的事情学着做，主动关心和体贴父母，不做“小皇帝”。培养家庭责任意识。我们可以尝试从这些做起哦！

①在家每天做力所能及的家务，然后与同伴进行家务劳动情况交流。

②技能大比试：和同伴一起学习践行自己家务劳动的技能。如擦鞋、洗衣、叠被、做饭等等。

③拟个小计划，每个星期，为父母做一件事，为他们分忧解难。

● **做小事，大改变**

从身边微小的事做起，将会收获巨大的改变哦！随时随地努力去践行吧！

①主动维护班级卫生，不乱扔废物，随手捡起地上的纸屑。

②积极参加集体劳动，不逃避不偷懒。

③勤学早到，不迟到早退。

④自觉遵守班级纪律，不随意喧哗。

⑤按要求排放自行车，整理书桌和衣物。

⑥积极主动地选择岗位，认真值日。

⑦每周一次的“义务服务日”，给其他人义务服务。

心灵自助

一个想要迈向成熟和成功的人必须学会勇

家介绍一部讲述一个充满责任感的伟大人物的

电影讲述的是关于纳粹党党员辛德勒保护犹太人免遭杀戮的故事。

在被占领的波兰，辛德勒的工厂里使用着大量的犹太人。他的工厂成了犹太人的避难所，他们作为战争产品的生产者而免受屠杀。然而纳粹对犹太人的残酷迫害使辛德勒越来越不满，他清楚纳粹对犹太人的屠杀和奥斯威辛集中营的恐怖。从那时起，辛德勒只有一个想法，尽可能多地保护犹太人，使其免受奥斯威辛的死亡。他开始受到违反种族法的怀疑，但他仍一如既往地不惜冒着生命危险营救犹太人。

不久，战争结束了。辛德勒向工人们告别，获救的1000多名犹太人为他送行。他们把一份自动发起签名的证词交给了辛德勒，以证明他并非战犯。他们赠送给辛德勒一只刻着一句犹太人名言的戒指：救人一命就等于救全人类。

辛德勒泪流满面，他为未能救出更多的犹太人而感到痛苦，但辛德勒为他的救赎行动，已竭尽所能，他的全部财产都已用于挽救犹太人的生命。他的义举永远被犹太人们铭记在心。

魔法心语

成熟的第一步就是要勇于承担自身的责任，对自己的行为负责，我们都已经脱离了将自己的跌倒归咎于椅子的孩提时代，不要为自己找任何借口，我们要做的就是直面人生，自己对自己负责。

再试一次

也许，我们的人生旅途上沼泽遍布，荆棘丛生；也许，我们追求的风景总是山重水复，不见柳暗花明；也许，我们前行的步履总是沉重、蹒跚；也许，我们需要在黑暗中摸索很长时间，才能找寻到光明；也许，我们虔诚的信念会被世俗的尘雾缠绕，而不能自由翱翔……但无论怎样，亲爱的孩子，我们都要以勇敢者的气魄，坚定而自信地对自己说一声"再试一次！"执著地追求下去，再试一次，就有可能到达成功的彼岸！

成长烦恼

二蛋是村里小学六年级(1)班的班长，不仅学习好，平时在班里也是经常乐于助人，深得老师和同学们的信任。

前年，当村里在外打工人家的大房子一栋一栋拔地而起之后，二蛋的父母为了让家里生活更好一些，都毅然去广东打工了，留下二蛋和弟弟与爷爷相依为命。二蛋很懂事，很疼弟弟，有什么好东西总是想着弟弟，每天放学都会给弟弟洗衣服做饭，还要带他玩。

可是，二蛋近来很是发愁，他说："我弟弟今年快6岁了，可却发现他玩什么东西都没有毅力，学什么东西也没有毅力。三天打鱼，两天晒网。去年看人家学游泳，就吵着要当游泳冠军，于是就带他去河边教他游，可是去游了几次，第三次呛了一口水，就打死也不敢下水了。游泳就这么放弃了。"

"今年看到其他人在村头的晒场里踢球，就非吵着要当足球运动员，没办法，我只好拿出爸妈留给我们的零花钱给他买了个足球，开始他踢得很开心，每天放学都去练习，我以为他总算找到自己真心喜欢并去坚持的东西了。可好景不长，有一天就因为摔了一跤，弟弟就哭着跑回家，说再也不踢球了。这么贵的球就这样放在屋里再也没拿出来过。"

“他总是看到别的孩子玩什么,他就想玩什么,但是只要学不会,或是遇到一点点的困难和挫折,就不再坚持下去,跟他讲了很多道理,告诉他做事要有毅力不能轻易放弃。可他就是不听,说多了,他就哭起来了。说我欺负他,还非吵着找爸妈,俺是拿他一点办法都没了……”

亲爱的孩子,其实,意志薄弱是当前孩子普遍存在的一个问题,表现在做事不能自始至终,缺乏毅力,独立性差等方面。你是否也是这样呢?

读心课堂

亲爱的孩子,做事半途而废、遇到困难就放弃的人,是难以成就大事业的。那么你是否具有执著的精神呢?是否也会知难而退呢?

● 怎样才是具有执著精神呢?

哈罗德·雪曼在《如何反败为胜》一书中列出了八种执著的精神:下面就检测一下自己是否具有执著精神吧!

①只要我坚信自己正确,我决不放弃。

②我深信,只要我坚持到底,一切都会迎刃而解。

③在逆境中我会充满勇气,决不气馁。

④我不允许任何人用恫吓或威胁使我放弃目标。

⑤我会竭尽全力克服生理障碍与挫折。

⑥我会一而再,再而三地努力做到我想做的事。

⑦知道了成功的男人和女人都曾跟失败和逆境搏斗之后,我会获得新的信心与决心。

⑧无论我面临什么样的障碍,我决不向失望与绝望低头。

● 你要放弃吗?

《用脑致富》一书的作者拿破仑·希尔研究了美国最成功的500个人的生平,发现成功故事中都有一个不可缺少的元素:执著。他们即使屡遭失败仍旧不轻言放弃。在他看来,只有克服不可思议的障碍及巨大的失望的人,

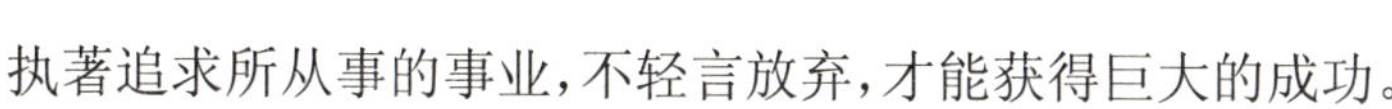

执著追求所从事的事业，不轻言放弃，才能获得巨大的成功。

我们要相信，你离成功只差一点点：我们常常在做了 99% 的努力以后，放弃了可以到达成功彼岸的那 1%。失败和成功之间，往往只有一线之隔。也许我们很难知道，离成功究竟还有多远，但是我们要十分清楚，自己到底还能撑多久。我们不一定能等到成功到来的那一刻，但可以肯定的是，我们可以坚持到自己的最后一刻。

众所周知，只有那些具有不屈不挠的精神，有不达目的誓不罢休的坚持品性的人才能成就一番伟业；反之，缺乏执著坚韧品质，做事半途而废，遇到困难就找借口放弃的人，是难以成就大事业的。所以，用执著追求的精神带领我们去努力拼搏吧！

心法秘籍

执著努力，坚持不懈是成功最重要的金钥匙。那么生活中怎样才能培养我们的执著精神呢？看看心理学博士怎么说吧！

- **正确认识“挫折”**

挫折和困难是生活的一部分，只有通过克服困难，本领才会越来越大。

- **体验成功的喜悦**

自信来源于不断的实践。在实践中得到他人的认同，就会体验到成功的快乐，就会树立起自信心，不会轻言放弃。比如当我们做习题时，不要只稍微想想，便准备打退堂鼓了。你可以多思考一些相关知识，一旦破解难题，就会体会到成功的快乐和自豪，之后便会愿意多坚持，多尝试了。

- **小故事，大智慧**

所谓“小故事大道理’，即故事寓意深刻，往往具有很强的感染力。你可以学习一些古今中外的名人故事，了解这些伟人如何吃苦耐劳、坚持不懈，最终赢得了成功。这样，你就会自然而然地向故事中的榜样靠拢，坚持不懈地努力，最终取得成功。

● 设立一个"坚持不懈"奖

现在开始，只要做事有始有终，就给予自己一定的奖励，并记录下自己每一次微小的改变，相信最后你也会惊讶于自己的改变的。开始记录吧！

1. 做作业时，刚好在播《变形金刚》，虽然很想看，但我还是坚持做完作业才看的！

2.____________________

3.____________________

心灵自助

生命就是一场雨
有时苦闷孤寂
有时缠绵悱恻，充满诗意
前进的旅程
难免风雪侵袭
但寒冬之后
将春光明媚
人生最大的失败
不是在天空没有留下我的痕迹
而是没有飞
并不是所有的努力都能成功
但我依然永不放弃
刚强坚毅，自强不息
并不是所有的花粉都能酿成蜜
但我依然展动翅膀
展示蝴蝶的骄傲和美丽
生命的尽头
看着凹凸不平的痕迹

我笑着说

我已努力

水滴石穿，执著地追求与努力，坚持不懈就有可能离成功越来越近。即使你没有获得成功，你也能够昂首挺胸自豪地说：“我没有放弃！”

魔法心语

有了执著，生命旅程上的寂寞就可以铺成一片蓝天；有了执著，孤单就可以演绎成一排鸿雁；有了执著，欢乐就可以绽放成满园的鲜花。生命的奖赏远在旅途终点，而非起点附近。我们不知道要走多少步才能达到目标，即使踏上第一千步的时候，仍然可能遭到失败。但我们不会因此放弃，我们会坚持不懈，直至成功！

为理想而奋斗

理想是人生的导航灯塔，没有理想的人就会失去人生的方向，寸步不移。在浩瀚的大海中航行，迷失方向，水手将葬身海底；在茫茫的戈壁中跋涉，迷失方向，旅者将暴尸荒野；在无边的探索中寻找希望之光，迷失方向，我们将会与成功擦肩而过，抱憾终生。亲爱的孩子，人究竟能走多远？这话我们不要问双脚，而是要问志向；理想之于人，犹翅膀之于鸟，理想是飞翔的翅膀，有了它才会带着力量起航。

成长烦恼

“学习真的好累，好没意思。”见到好朋友丫丫，二蛋不禁开始了抱怨。

“每天一大清早就要爬起来，喂鸡喂鸭，还要帮婆婆挑好柴，匆匆吃好饭就要走这两三个小时的路去学校上课。一天七八节课，现在初一了，居然还要早中晚的自习，晚上还要夜自修，每天作业一大堆，今天做完了，明天又会有新的，我觉得太辛苦，太累了。我喜欢漫无目的地在校园里或在山里闲逛。这样最好，无忧无虑，上学有什么好的？丫丫，我看你每天都那么开心地去上学，每天都那么认真地读书做作业，不觉得累，不觉得辛苦吗？”

丫丫笑了笑。“二蛋，你的理想是啥？”丫丫问二蛋。

“啥是理想我都不知道。我就想守着俺爸俺妈，吃得上穿得上就行。啥理想不理想的，对咱这种山里娃，哪有啥理想可言啊，还是玩一天是一天吧！”

“可我不这么认为，我就想走出大山，去大城市里上大学，像电视里的那些女娃娃一样，每天都多姿多彩的，外面的世界才是我理想的生活！我不想一辈子都被困在这种山沟沟里，长大了还要像爸妈一样出去给人家拼死拼活地打工。所以，我才会那么认真地学习，只有这样才能实现我的理想！走出去看看外面的天地。”丫丫梦想着。

“哈哈，丫丫，你大白天的又做啥梦咧，咱这种破地方几年才出一个大学生，别做梦了，醒醒吧！哈哈哈哈……”二蛋冲丫丫做了个鬼脸后一溜烟跑回了家，只剩下丫丫一个人在路上。

看着正要落下山的太阳，丫丫大声地喊了出来：“我一定会实现理想的，一定可以！丫丫，加油！”

亲爱的孩子，你是否拥有属于自己的理想？你是像二蛋一样得过且过，还是像丫丫一样坚定理想并为之奋斗呢？

读心课堂

亲爱的孩子，走出大山，去看看外面的世界是否也是你的理想，生活中的你又有着怎样的属于你自己的梦想，有梦想就去追吧，为理想而奋斗，只要付出努力，总会有回报的。

● 你有属于自己的理想吗？

远离幼时的无知的你，迎来了疯狂的青春。青春，让你肆无忌惮，感受云那般的自在。但因为有了对理想的追求，你也就不会失去生活的动力，也不会在生活的海洋中迷失方向。没有理想的人像是草木，在春天生长，到秋日枯黄，对于生活它做不出总结，面对绝望它提不出希望。没有理想的人像是流水，为什么听不见它的歌唱？原来它已为现实的泥沙逐渐淤塞，变成污浊的池塘。没有理想的人像是空屋而无主人，它紧紧闭着门窗，生活的四壁堆积着灰尘，外面在叩门，里面寂无声响。

亲爱的孩子，没有理想的人生犹如漫漫长夜，看不到光明，你是否有属于自己的理想呢？

● 你在理想的道路上奔跑着吗？

心理学家认为个体对自己的认知，以及对自己的定位和将要实现的目标决定着我们在这个世界上的独特位置。判断一个人是否平庸不在于他现在是什么样的人，在什么样的位置，而在于他渴望成为什么样的人，他的志向是

什么，并是否愿意为此而努力。

人生就像一场马拉松比赛，没有人认为最后一名是失败的，因为他始终在奔跑，他的血液始终为了目标而沸腾着，他的目光始终为终点那个理想而灼热着，他不会因为是最后一名而感到羞愧，因为他也同样用热情跑到了终点。而那些半途而废的人是永远体会不到跨越终点的自豪的，绝大多数的人一生都奔跑在从起点赶往梦想的道路上，可能最终他们并未成功，但始终为理想而奔跑的过程本身就是一种伟大和成功。生命的魅力就是在这为理想而奔跑的过程中绽放的。

因此，人不仅要有理想，还要大胆幻想，更要努力去做。在理想中躺着等待新的开始，理想的终点不仅遥遥无期，甚至连已经拥有的也会失去。付出行动吧，现在还不晚，只要你肯做、你肯努力，梦想就不会遥不可及。

心法秘籍

千里之行，始于足下。从现在做起，一步一个脚印地去努力，去拼搏。去为理想而奋斗吧！那么怎样才能全力为理想奋斗呢？

● 明确属于你的理想

任何一次旅行，出发前你都要明确你的目的地，有了真切的目标，你的旅途就会充满力量。你的理想是什么？是脱离农门，走出大山？还是成为一名教书育人的教师？认真地思考一下，在这里写下你的理想吧！

我的理想： ____________________ ____________________ ____________________

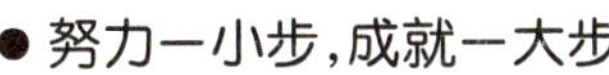

● 努力一小步，成就一大步

托尔斯泰曾将人生的理想分成一辈子的理想、一个阶段的理想、一年的理想、一个月的理想，甚至一天、一小时、一分钟的理想。这么做或许会让你在赶往理想的道路上更加轻松，目标更加明确。你也来尝试一下，把你的理想分解为每一小步，然后逐步实现它们吧！

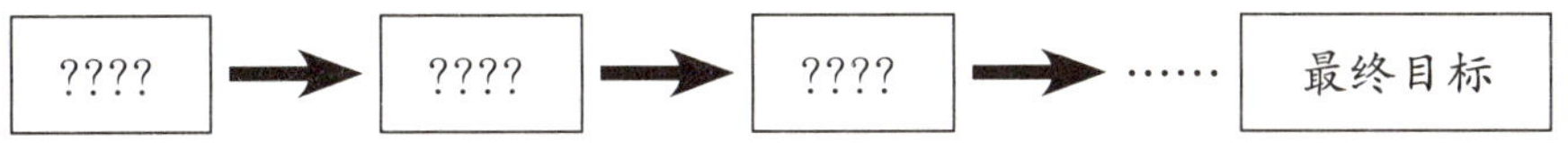

● 你的行囊装了些什么？

在赶往理想的道路上会充满荆棘和磨难，或许你会有失望、悲伤、迷茫，这场艰难的旅行你准备用什么来面对呢？这些你具备了吗？

1. 自己的事情自己做——从家务劳动做起，只有责任才能让自己长大。

2. 别找借口——从遵守纪律做起，勇于承认自己的过错，信守诺言。

3. 告诉自己，我最棒——将自卑的“恶魔”从自己身边赶走，让乐观伴随自己成长。

4. 重视每一秒钟——不做拖延一族，做时间的主人。

5. 百炼才能成钢——克服自己懒散的不良习惯，敢于直面挑战，在挫折中前进。

6. 控制了自己才能控制未来——远离各种不良的诱惑，每天进行自我反省，征服自己。

7. 用知识创造明天——享受学习的快乐，将知识转化为智慧，养成乐于读书的好习惯。

8. 留住自己的天赋——不断积累，留住自己的奇思妙想，养成善于思考的习惯。

9. 善待身边所有的人——尊重他人，对人要友善随和，克服自我封闭的不良习惯。

带上这些行囊朝着你的理想出发吧！

心灵自助

看一看电影《阿甘正传》，主人公阿甘的故事或许会对你有所启示。

阿甘是个智商只有75的低能儿。在学校里为了躲避别的孩子的欺侮，听从一个朋友珍妮的话而开始“跑”。他跑着躲避别人的捉弄。在中学时，他为了躲避别人而跑进了一所学校的橄榄球场，就这样跑进了大学。阿甘被破格录取，并成了橄榄球巨星，受到了肯尼迪总统的接见。

在大学毕业后，阿甘又应征入伍去了越南。战争结束后，阿甘成为了英雄。

在“说到就要做到”这一信条的指引下，阿甘最终闯出了一片属于自己的天空。最后，阿甘通过捕虾成了一名企业家。无论何时，无论何处，无论和谁在一起，他都依然如故，纯朴而善良。

在奔跑了许久之后，阿甘停了下来，和珍妮、儿子一同回到了家乡，一起度过了一段幸福的时光。

另外《冲出亚马逊》《我是第一名》等好看的电影作品你也可以欣赏一下，相信主人公们为理想而坚持不懈、努力拼搏的精神会给你带来无限的启发。

魔法心语

只有启程，才会实现理想和到达目的地，只有拼搏，才会获得辉煌的成功，只有播种，才会有收获。只有追求，才会品味堂堂正正的人生。只有坚定不移地为理想而奋斗，才会抵达成功与喜悦的彼岸。

图书在版编目(CIP)数据

留守儿童行为习惯养成手册 / 高雪梅主编. —重庆
:西南师范大学出版社，2013.6
ISBN 978-7-5621-6221-6

Ⅰ. ①留… Ⅱ. ①高… Ⅲ. ①农村—少年儿童—行为规范—养成教育—手册 Ⅳ. ①B848.4-62

中国版本图书馆CIP数据核字(2013)第098204号

留守岁月 阳光成长
留守儿童心理励志丛书
总主编：李 红 高雪梅
策 划：李远毅 郑持军

留守儿童行为习惯养成手册

主编 高雪梅 副主编 冀慧慧 胡显清

责任编辑：张浩宇
封面设计：魏显锋 方 甜
插图设计：高明嘉琛
出版发行：西南师范大学出版社
地址：重庆市北碚区天生路1号
邮编：400715 市场营销部电话：023-68868624
http://www.xscbs.com
经 销：新华书店
印 刷：重庆紫石东南印务有限公司
开 本：720mm×1030mm 1/16
印 张：12.5
字 数：180千字
版 次：2018年4月 第2版
印 次：2019年1月 第5次印刷
书 号：ISBN 978-7-5621-6221-6

定 价：24.00元

衷心感谢被收入本书的图文资料的原作者，由于条件限制，暂时无法和部分原作者取得联系。恳请这些原作者与我们联系，以便付酬并奉送样书。

若有印装质量问题，请联系出版社调换。